KB179005

페르마가 들려주는 정수 이야기

페르마가 들려주는 정수 이야기

ⓒ 정완상, 2010

초 판 1쇄 발행일 | 2005년 5월 4일
개정판 1쇄 발행일 | 2010년 9월 1일
개정판 15쇄 발행일 | 2021년 5월 28일

지은이 | 정완상
펴낸이 | 정은영
펴낸곳 | (주)자음과모음

출판등록 | 2001년 11월 28일 제2001-000259호
주 소 | 04047 서울시 마포구 양화로6길 49
전 화 | 편집부 (02)324-2347, 경영지원부 (02)325-6047
팩 스 | 편집부 (02)324-2348, 경영지원부 (02)2648-1311
e-mail | jamoteen@jamobook.com

ISBN 978-89-544-2014-3 (44400)

페르마가 들려주는

정수 이야기

| 정완상 지음 |

|주|자음과모음

페르마를 꿈꾸는 청소년을 위한
'정수' 이야기

최근 영국의 수학자 앤드루 와일스가 페르마의 마지막 정리를 증명했다고 해서 세상을 깜짝 놀라게 한 적이 있습니다. 이 정리의 주인공인 페르마는 정수론의 창시자라고 할 수 있는 천재 수학자입니다. 물론 정수에는 자연수가 포함되어 있고 정수론의 주 대상은 자연수, 그중에서도 1과 자신만을 약수로 갖는 소수에 대한 연구입니다.

우리나라의 초등학생은 자연수에 대해 많은 내용을 배우지만 소수의 신비에 대해서는 잘 알지 못합니다.

저는 KAIST에서 상대성 이론을 연구하기 위해 많은 수학 책을 보게 되었고 정수론도 공부하게 되었습니다. 이 책은

그때 공부했던 내용을 토대로 쓰게 된 것입니다.

이 책에서는 페르마가 9일간의 수업을 통해 소수의 구조, 정수론에 대해 강의합니다. 페르마는 학생들에게 질문을 하며 간단한 일상 속의 실험을 통해 자연수와 정수의 성질에 대해 가르칩니다.

이 책의 내용은 중학교 1학년에서 배우는 정수의 성질과 관계되지만 자연수의 성질에 관심 있는 초등학교 고학년 학생들에게도 권장합니다.

저는 어린이들이 쉽게 페르마의 정수론을 이해하여 한국에서도 언젠가는 훌륭한 수학자가 나오기를 간절히 바랍니다.

끝으로 이 책을 출간할 수 있도록 배려해 주신 강병철 사장님과 예쁜 책이 될 수 있도록 수고해 주신 편집부의 모든 식구들에게 감사드립니다.

정 완 상

차례

1

자연수 이야기

자연수는 짝수와 홀수로 나눌 수 있습니다.
짝수와 홀수는 어떤 성질이 있을까요?
자연수의 성질에 대해 알아봅시다.

1

첫 번째 수업

자연수 이야기

페르마가 자연수에 대한 이야기로
첫 번째 수업을 시작했다.

1보다 1 큰 수는 무엇입니까?

＿2입니다.

2보다 1 큰 수는 무엇입니까?

＿3입니다.

3보다 1 큰 수는 무엇입니까?

＿4입니다.

이렇게 1부터 시작해서 1씩 커지는 수들을 머릿속으로 나열
해 보세요. 결과는 다음 페이지와 같습니다.

1, 2, 3, 4, …

이것을 자연수라고 부르지요. 자연수는 끝이 있을까요? 만일 자연수 중에서 가장 큰 수가 있다고 하고, 그 수를 □라고 합시다. 그럼 □보다 1 큰 수 □+1도 자연수이므로 □가 가장 큰 자연수라는 것은 말이 되지 않습니다. 그러므로 가장 큰 자연수는 존재하지 않습니다. 즉, 자연수의 개수는 무한히 많지요.

짝수와 홀수의 성질

자연수는 크게 2종류로 나눌 수 있습니다. 하나는 짝수이고, 다른 하나는 홀수이지요.

짝수 : 2, 4, 6, 8, …
홀수 : 1, 3, 5, 7, …

먼저 짝수와 홀수의 덧셈에 대해 알아봅시다. 짝수 중에서 임의로 두 수를 뽑아 더하면 항상 짝수가 됩니다. 예를 들면, 2 + 4 = 6이 되어 짝수가 되지요. 이런 식으로 짝수와 홀수 사이의 덧셈은 다음 성질을 만족합니다.

(짝수) + (짝수) = (짝수)

(짝수) + (홀수) = (홀수)

(홀수) + (짝수) = (홀수)

(홀수) + (홀수) = (짝수)

곱셈에 대해서도 짝수와 홀수 사이에는 다음과 같은 규칙이 있습니다.

(짝수) × (짝수) = (짝수)

(짝수) × (홀수) = (짝수)

(홀수) × (짝수) = (짝수)

(홀수) × (홀수) = (홀수)

홀수끼리 곱할 때만 홀수가 되는군요. 이것은 아주 중요한 성질입니다.

이 성질들 중에서 몇 가지를 증명해 봅시다. 그러기 위해서는 짝수와 홀수가 일반적으로 어떤 꼴로 쓰이는지 알아야 합니다. 먼저 짝수 2, 4, 6, 8을 다음 페이지와 같이 써 봅시다.

$2 = 2 \times 1$

$4 = 2 \times 2$

$6 = 2 \times 3$

$8 = 2 \times 4$

아하, 짝수는 모두 2와 어떤 수의 곱으로 쓰여지는군요.

짝수의 일반 꼴 $= 2 \times \square$ ($\square$는 자연수)

이번에는 홀수 1, 3, 5, 7을 봅시다.

$1 = 2 - 1$

$3 = 4 - 1$

$5 = 6 - 1$

$7 = 8 - 1$

이때 2, 4, 6, 8은 $2 \times \square$의 꼴로 쓸 수 있으므로

$1 = 2 \times 1 - 1$

$3 = 2 \times 2 - 1$

$$5 = 2 \times 3 - 1$$
$$7 = 2 \times 4 - 1$$

이 되지요. 그러므로 홀수는 2와 어떤 수의 곱에서 1을 뺀 수로 쓸 수 있습니다.

홀수의 일반 꼴= $2 \times \square - 1$ ($\square$는 자연수)

이제 이것을 이용하면 앞에서 얘기한 홀수와 짝수에 대한 몇 가지 성질을 증명할 수 있습니다. 예를 들어, 짝수와 홀수의 곱을 보지요. 짝수는 $2 \times \square$의 꼴로 쓸 수 있고 홀수는 $(2 \times \triangle - 1)$의 꼴로 쓸 수 있으므로 짝수와 홀수의 곱은

$$2 \times \square \times (2 \times \triangle - 1)$$

의 꼴이 됩니다. 여기서 분배 법칙 $A \times (B - C) = A \times B - A \times C$를 사용하면 위 식은

$$2 \times \square \times 2 \times \triangle - 2 \times \square \times 1$$

이 됩니다. 여기서 $2 \times \square \times 2 \times \triangle$는 2와 어떤 자연수와의 곱이므로 짝수이고, $2 \times \square \times 1$ 역시 짝수입니다.

결국 주어진 식은 짝수에서 짝수를 뺀 결과이므로 짝수가 됩니다. 홀수와 짝수에 대한 다른 성질들도 이 방법으로 증명할 수 있습니다.

홀수끼리의 합

이번에는 홀수들의 합에 대한 규칙을 알아봅시다. 몇 개의 홀수끼리의 합을 구해 보면 다음과 같습니다.

$1 = 1$

$1 + 3 = 4$

$1 + 3 + 5 = 9$

$1 + 3 + 5 + 7 = 16$

$1 + 3 + 5 + 7 + 9 = 25$

어랏! $4 = 2^2$, $9 = 3^2$이므로 홀수끼리의 합이 제곱수가 되는군요. 그러므로 다음과 같이 쓸 수 있습니다.

$$1 = 1^2$$

$$1+3 = 2^2$$

$$1+3+5 = 3^2$$

$$1+3+5+7 = 4^2$$

$$1+3+5+7+9 = 5^2$$

따라서 1부터 시작해 홀수 □개를 차례대로 더하면 그 합은 □^{2}이 됩니다.

짝수와 홀수의 응용

이제 짝수와 홀수의 성질을 이용하는 재미있는 문제를 소개하겠습니다.

어느 고등학교 학생 49명이 수학 시험을 쳤습니다. 이 중 임의의 1명의 점수를 제외한 나머지 점수의 총합은 항상 짝수라고 합시다. 첫 번째 학생의 점수가 77점일 때 나머지 점수들은 홀수일까요, 짝수일까요?

아이들은 아무 말도 하지 않았다. 어떻게 풀어야 하는지 알 수 없었기 때문이었다.

임의의 1명의 점수를 제외한 나머지 점수의 합이 항상 짝수라고 했지요? 그러니까 다음과 같은 식을 쓸 수 있지요.

(전체 점수) − (임의의 한 점수) = (짝수)

임의의 한 점수가 첫 번째 학생의 점수라고 하면

(전체 점수) − 77 = (짝수)

가 되고, 다음과 같이 쓸 수 있습니다.

(전체 점수) = 77 + (짝수) = (홀수) + (짝수) = (홀수)

그러므로 전체 점수(모든 학생의 점수의 합)는 홀수입니다.
이번에는 첫 번째 학생의 점수가 아닌 다른 학생의 점수를 임의의 한 점수로 택해 봅시다. 그래도

(전체 점수) − (임의의 한 점수) = (짝수)

가 성립하지요. 이 식을 임의의 한 점수에 대해 풀면

(임의의 한 점수) = (전체 점수) − (짝수)

가 되지요. 전체 점수는 홀수이고 홀수에서 짝수를 빼면 홀수이므로 임의의 한 점수는 홀수가 되지요. 그러므로 이 반의 학생들의 점수는 모두 홀수입니다.

0의 신비

이번에는 0이라는 수에 대해 알아봅시다. 물론 0은 자연수는 아닙니다. 하지만 아주 재미있는 수이지요.

어떤 자연수에 1을 더하면 그 자연수보다 1 큰 수가 나타납니다. 예를 들면 다음과 같지요.

$1 + 1 = 2$

$2 + 1 = 3$

$3 + 1 = 4$

$4 + 1 = 5$

마찬가지로 어떤 자연수에서 1을 빼면 그 자연수보다 1 작은
수가 나타납니다. 예를 들면 다음과 같지요.

$$5 - 1 = 4$$
$$4 - 1 = 3$$
$$3 - 1 = 2$$
$$2 - 1 = 1$$

자연수 중 가장 작은 수는 1입니다. 그럼 1보다 1 작은 수는
어떻게 될까요? 그것은 1-1이 되겠지요? 어떤 수에서 그 수와
같은 수를 뺀 결과를 0이라고 정의합니다. 즉, 다음과 같지요.

$$1 - 1 = 0$$

그러므로 1보다 1 작은 수는 0이라는 것을 알았습니다. 0의
재미있는 성질은 다음과 같습니다.

어떤 수와 0의 덧셈은 그 수 자신이다. ⇒ □ + 0 = □
어떤 수에서 0을 빼면 그 수 자신이 된다. ⇒ □ - 0 = □
어떤 수와 0의 곱셈은 항상 0이다. ⇒ □ × 0 = □

이것이 재미있는 0의 성질입니다. 그럼 어떤 수를 0으로 나누면 얼마가 될까요?

잠시 침묵이 흘렀다. 0으로 나누는 것은 배운 적이 없었기 때문이다.

수학에서는 0으로 나누는 것은 금지한답니다. 왜 그런지 살펴보지요. 만일 $2 \div 0$이 가능하다고 하고, 이 값을 $\square$라고 합시다.

$2 \div 0 = \square$

이 식의 양변에 0을 곱하면 다음과 같습니다.

$2 \div 0 \times 0 = \square \times 0$

이때 $\square \times 0 = 0$이므로 우변은 0이 됩니다.

$2 \div 0 \times 0 = 0$

하지만 좌변의 경우 2를 어떤 수로 나눠 주고 다시 그 수를 곱한 결과이므로 다시 2가 됩니다. 그러므로

$$2 = 0$$

이라는 이상한 결과가 나오지요. 그러므로 2 ÷ 0의 값이 존재
한다면 문제가 발생하겠지요? 따라서 수학에서 어떤 수를 0으
로 나누는 것은 존재하지 않는다고 합니다.

이 길을 지나가려면 문제를 맞혀야 한다.

당신은 누구?

1, 2, 3, 4, 5, …처럼 1부터 시작해서 1씩 커지는 수들을…

아, 알아요. 자연수잖아요. 1부터 1씩 커지는 수들을 자연수라고 불러요. 맞죠?

어험! 문제를 끝까지 들어야지. 자연수 중에 가장 큰 수는 몇인가?

가장 큰 수? 음….

9999999….

틀렸다. 네가 어떤 수를 답해도 그 수에 1을 더하면 더 큰 수가 되므로 네가 말한 수는 가장 큰 자연수가 될 수 없다.

자연수의 개수는 무한히 많아서 가장 큰 자연수는 존재하지 않기 때문이지.

엥? 그럼 답이 없잖아요. 그건 반칙이에요.

억울하면 네가 스핑크스하든가….

쳇, 두고 보자.

나머지 이야기

자연수를 자연수로 나누면 몫과 나머지가 나타납니다.
물론 특별한 경우에는 나머지가 없을 수도 있지요.
몫과 나머지에 대해 알아봅시다.

2

두 번째 수업
나머지 이야기

페르마는 몫과 나머지의
성질에 대해 알아보자며
두 번째 수업을 시작했다.

오늘은 자연수를 자연수로 나누었을 때 나오는 몫과 나머
지의 성질에 대해 알아보겠습니다.

17을 5로 나눈 몫과 나머지는 얼마이지요?

__ 몫은 3이고 나머지는 2입니다.

맞습니다. 이것은 다음과 같이 쓸 수 있습니다.

$$17 = 5 \times 3 + 2$$

일반적으로 어떤 수 N을 a로 나누었을 때 몫을 n, 나머지를

r이라고 하면 다음과 같이 표현할 수 있습니다.

$$N = a \times n + r$$

이때 나머지 r은 0부터 시작해서 $a-1$까지의 수 중 하나입니다. 예를 들어 어떤 수를 5로 나눈 나머지는 0, 1, 2, 3, 4가 되지요. 여기서 4 = 5 − 1입니다. 그러므로 나머지의 개수는 나누는 수와 같습니다.

달력의 수학

페르마는 달력 하나를 가지고 왔다. 2010년 6월의 달력이었다.

화요일에 있는 수를 보면 다음과 같지요.

1, 8, 15, 22, 29

이 수들은 모두 다음과 같이 쓸 수 있습니다.

$$1 = 7 \times 0 + 1$$
$$8 = 7 \times 1 + 1$$
$$15 = 7 \times 2 + 1$$
$$22 = 7 \times 3 + 1$$
$$29 = 7 \times 4 + 1$$

어랏! 7로 나눈 나머지가 1인 수들이군요. 달력에서 같은 요일에 있는 수들은 모두 7로 나눈 나머지가 같은 수들입니다. 모든 요일의 수들을 확인하면 다음과 같습니다.

월요일의 수 = 7로 나눈 나머지가 0

화요일의 수 = 7로 나눈 나머지가 1

수요일의 수 = 7로 나눈 나머지가 2

목요일의 수 = 7로 나눈 나머지가 3

금요일의 수 = 7로 나눈 나머지가 4

토요일의 수 = 7로 나눈 나머지가 5

일요일의 수 = 7로 나눈 나머지가 6

이것은 같은 요일이 1주일(7일)마다 다시 나타나기 때문이지요. 따라서 화요일의 수는 나머지가 1이고, 목요일의 수는 나머지가 3입니다. 그렇다면 화요일의 수와 목요일의 수의 합은 어떤 요일의 수가 될까요?

페르마는 화요일의 수와 목요일의 수를 나열했다.

화요일 : 1   8   15 22   29
목요일 : 3   10 17 24

화요일의 수 중 하나를 택하고 목요일의 수를 하나 택해 더해 봅시다. 이때 그 합이 31보다 작은 경우만을 모아 보면 다음과 같습니다.

$1 + 3 = 4$

$1 + 10 = 11$

$1 + 17 = 18$

$1 + 24 = 25$

$8 + 3 = 11$

$8 + 10 = 18$

$8 + 17 = 25$

$15 + 3 = 18$

$15 + 10 = 25$

$22 + 3 = 25$

나온 결과들은 4, 11, 18, 25이지요? 이것은 바로 금요일의 수입니다. 금요일의 수는 7로 나누어 나머지가 4인 수입니다. 그러므로 다음과 같이 쓸 수 있습니다.

(나머지가 1인 수) + (나머지가 3인 수) = (나머지가 4인 수)

이것이 바로 어떤 수로 나눈 나머지가 같은 수들이 지닌 성질입니다.

나머지의 이용

이제 나머지를 이용하는 문제를 다루어 봅시다.

페르마는 8개의 원판을 놓고 알파벳을 썼다.

알파벳을 마을 이름이라고 하고, A마을과 B마을을 왕복하는
버스가 있다고 해 봅시다. 그러니까 버스는 A, P, Q, R, S, T,
U, B에서 정지합니다. 그렇다면 A를 출발한 버스가 1000번째
정지하는 정류장은 어디일까요?

창원이는 A부터 시작해서 1, 2, 3, 4, …를 외치면서 손가락으로
정류장을 가리켰다.

그런 방법으로 하면 시간이 너무 많이 걸리지요. 이때는 나머지를 이용하면 쉬워요.

먼저 정류장에 숫자를 붙입시다. 출발 지점을 0으로 하고 정류장마다 숫자 1, 2, 3, …을 붙여 보죠.

아하! 14의 배수이면 다시 A에 오는군요. 이제 1000을 14로 나누면

$$1000 = 14 \times 71 + 6$$

이므로 나머지는 6이 됩니다. 그러므로 숫자 6이 씌어 있는 정류장이 구하는 답이 되지요. 즉, 1000번째 멈추는 정류장은 U가 되지요.

오, 당신은 전에 봤던 그 나그네로군. 규칙은 말하지 않아도 알겠지?

네, 그동안 많이 준비했으니 얼른 문제를 내보세요.

17을 5로 나누면 몫은 3이고 나머지는 2가 되는 건 알고 있겠지?

흠, 나머지 문제군. 계속 말해 보세요.

좋아. 그럼 어떤 수를 5로 나눈 나머지의 개수는 몇 개나 될까?

잠깐 어떤 수라니요? 어떤 수를 정해줘야 나누어서 나머지를 구하죠. 이번에도 속일 셈이군요.

속이다니. 어떤 수 N을 a로 나누었을 때 몫을 n, 나머지를 r이라고 하면 $N = a \times n + r$이고, 이때 나머지 r은 0부터 $a-1$까지의 수가 되지.

그런데 어떤 수를 5로 나눈다고 했으니까 나머지는 0, 1, 2, 3, 4가 되어, 나머지의 개수는 나누는 수와 같게 되지.

이래도 할 말이 있나?

쳇, 분하다. 다음번엔 기필코….

배수 이야기

2, 3, 4, 5, 7, 9, 11의 배수는 어떤 규칙이 있을까요?
배수판정법에 대해 알아봅시다.

3

페르마는 배수에 대한 이야기로
세 번째 수업을 시작했다.

12는 3의 배수입니다. 이것은 12 = 3×4로 쓸 수 있기 때문입니다. 즉, 어떤 수가 3과 자연수와의 곱으로 쓰이면 그 수는 3의 배수가 되지요.

3의 배수를 써 보면 다음과 같습니다.

3, 6, 9, 12, …

즉, 3의 배수란 3에 1배, 2배, 3배, 4배, …한 수를 말하지요.

배수판정법

이제 배수의 판정법에 대해 알아보겠습니다.

먼저 10의 배수판정법은 다음과 같이 아주 쉽습니다.

일의 자리의 수가 0이면 10의 배수이다.

예를 들어 30, 270, 4080, …은 모두 10의 배수입니다.

2의 배수는 짝수입니다. 2의 배수판정법은 다음과 같습니다.

일의 자리의 수가 0, 2, 4, 6, 8이면 2의 배수이다.

5의 배수판정법은 다음과 같습니다.

일의 자리의 수가 0, 5이면 5의 배수이다.

이제 4의 배수판정법에 대해 알아보면 다음과 같습니다.

끝의 두 자리 수가 00 또는 4의 배수이면 4의 배수이다.

예를 들어 4876을 보지요. 끝의 두 자리의 수 76이 4의 배수 이지요? 그러므로 4876은 4의 배수입니다.

이제 이것을 증명해 봅시다. 어떤 네 자리 수 $abcd$를 생각하 기로 하지요. 여기서 a, b, c, d는 0에서 9까지의 수입니다. 이 것을 다시 쓰면 다음과 같지요.

$$abcd = 1000a + 100b + 10c + d$$

예를 들어 3476은 다음과 같지요.

$$3476 = 1000 \times 3 + 100 \times 4 + 10 \times 7 + 6$$

여기서 $1000 = 4 \times 250$, $100 = 4 \times 25$이므로 1000과 100은 4 의 배수입니다. 따라서 $10c + d$가 4의 배수이면 주어진 수는 4 의 배수가 됩니다. 즉, $10c + d$는 끝의 두 자리 수를 말하므로 끝 의 두 자리 수가 4의 배수이면 주어진 수는 4의 배수가 됩니다.

마찬가지로 우리는 8의 배수판정법을 찾을 수 있습니다.

끝의 세 자리 수가 000 또는 8의 배수이면 그 수는 8의 배수이다.

예를 들어 21328을 봅시다. 328이 8의 배수이므로 21328은 8의 배수입니다. 왜 그런지 알아봅시다. 21328은 다음과 같이 쓸 수 있습니다.

$$21328 = 10000 \times 2 + 1000 \times 1 + 100 \times 3 + 10 \times 2 + 8$$

이때 $10000 = 8 \times 1250$, $1000 = 8 \times 125$이므로 8의 배수입니다. 따라서 328이 8의 배수이면 21328은 8의 배수가 된다는 것을 알 수 있습니다.

이제 3의 배수판정법에 대해 알아보면 다음과 같습니다.

각 자리의 숫자의 합이 3의 배수이면 그 수는 3의 배수이다.

예를 들어 453을 보지요. $4 + 5 + 3 = 12$이고 12는 3의 배수이므로 453은 3의 배수입니다. 또한 2302를 보지요. $2 + 3 + 0 + 2 = 7$은 3의 배수가 아니므로 2302는 3의 배수가 아닙니다.

그럼 세 자리 수 abc에 대해 이것을 증명해 봅시다. 그러니까 $a + b + c$가 3의 배수이면 abc가 3의 배수임을 보이면 됩니다.

세 자리 수 abc는 다음과 같이 쓸 수 있습니다.

$$abc = 100a + 10b + c$$

여기서 100 = 99 + 1, 10 = 9 + 1이므로

$$abc = (99 + 1)a + (9 + 1)b + c$$
$$= 99a + a + 9b + b + c$$
$$= (99a + 9b) + a + b + c$$

가 됩니다. 이때 $99a + 9b = 3 \times (33a + 3b)$이므로 3의 배수입니다. 따라서 $a + b + c$가 3의 배수이면 abc는 3의 배수가 됩니다.

네 자리 수 이상의 수에 대해서도 같은 방법으로 증명할 수 있습니다.

이번에는 9의 배수판정법을 보지요. 다음과 같습니다.

각 자리의 숫자의 합이 9의 배수이면 그 수는 9의 배수이다.

예를 들어 783을 보지요. 7 + 8 + 3 = 18이므로 783은 9의 배수입니다. 하지만 7302는 7 + 3 + 0 + 2 = 12가 3의 배수이지만 9의 배수가 아니므로 7302는 9의 배수가 아닙니다.

이번에는 7의 배수판정법을 봅시다. 7의 배수판정법은 주어진 수가 몇 자리의 수인가에 따라 달라집니다. 세 자리 수에 대한 7의 배수 판정법을 소개하지요.

세 자리 수에서 맨 끝자리 수의 2배를 나머지 숫자에서 뺀 수가 7의 배수면 그 수는 7의 배수이다.

예를 들어 468이 7의 배수인지 아닌지 알아봅시다. 끝자리의 수는 8이고 나머지 두 자리 수는 46이지요. 이때 46 – 8 × 2 = 30이고, 30이 7의 배수가 아니므로 468은 7의 배수가 아닙니다.

이번에는 406을 보지요. 맨 끝자리의 수는 6이고 나머지 수는 40이지요. 이때 40 – 6 × 2 = 28이 7의 배수이므로 406은 7의 배수입니다.

세 자리의 수 abc에 대해 증명해 봅시다.

$$abc = 100a + 10b + c$$
$$= 70a + 30a + 7b + 3b + 7c - 6c$$
$$= (70a + 7b + 7c) + (30a + 3b - 6c)$$
$$= 7(10a + b + c) + 3(10a + b - 2c)$$

$7(10a + b + c)$는 7의 배수이므로 $(10a + b - 2c)$가 7의 배수이면 abc는 7의 배수가 됩니다. 여기서 $2c$는 끝자리 수의 2배이고 $10a+b$는 나머지 수이므로 맨 끝자리 수의 2배를 나머지 숫자에서 뺀 수가 7의 배수이면 그 수는 7의 배수가 됩니다.

일반적으로 7의 배수판정법은 자릿수에 따라 달라지므로 편리한 판정법이 아닙니다. 그러므로 7의 배수인지 아닌지를 알려면 직접 나누어 보는 것이 더 편리하지요.

이제 마지막으로 11의 배수판정법을 알아보겠습니다. 다음과 같지요.

어떤 수의 홀수 번째 자리의 숫자의 합과 짝수 번째 자리의 숫자의 합이 같거나 그 차가 11의 배수이면 그 수는 11의 배수이다.

예를 들어 12463을 보지요. 홀수 번째 자리의 숫자의 합은 $1+4+3=8$이고, 짝수 번째 자리의 숫자의 합은 $2+6=8$입니다. 홀수 번째 자리의 숫자의 합과 짝수 번째 자리의 숫자의 합이 같으므로 12463은 11의 배수입니다.

9196을 보지요. 홀수 번째 자리의 숫자의 합은 $9+9=18$이고, 짝수 번째 자리의 숫자의 합은 $1+6=7$입니다. 홀수 번째 자리의 숫자의 합과 짝수 번째 자리의 숫자의 합의 차가 11이고 이것은 11의 배수이므로 9196은 11의 배수입니다.

4자리의 수 $abcd$에 대해 이것을 증명해 보지요. 이 수는

$$abcd = 1000a + 100b + 10c + d$$

가 되지요. 여기서 $1001 = 91 \times 11$이므로 1001은 11의 배수입니다. 그러므로 이 수는

$$abcd = 1001a - a + 99b + b + 11c - c + d$$

라고 쓸 수 있습니다. 이 식을 정리하면

$$abcd = 11(91a + 9b + c) + b + d - (a + c)$$

가 되고, $11(91a + 9b + c)$는 11의 배수이므로 $b + d - (a + c)$가 11의 배수이거나 0이면 $abcd$는 11의 배수가 됩니다. 이때 $b + d$는 짝수 번째 자리의 수의 합이고 $a + c$는 홀수 번째 자리의 수의 합이므로 이 차가 0이거나 11의 배수이면 주어진 수가 11의 배수임을 알 수 있습니다.

배수의 응용

이번에는 배수를 이용한 재미있는 문제를 풀어 보겠습니다.

페르마는 아이들에게 찢어진 영수증 1장을 보여 주었다.

이 영수증은 처음 숫자와 마지막 숫자가 지워져 있습니다. 하지만 이것은 금붕어 72마리의 값이라는 정보로부터 알아낼 수 있습니다.

우선 지워진 두 수를 2개의 문자 a, b로 나타내면 금붕어 72마리의 가격은 $a679b$가 됩니다. 이 문제에서 가장 결정적인 힌트는 금붕어 1마리의 값이 자연수라는 점입니다. 그러므로 금붕어 72마리의 값 $a679b$는 72의 배수가 되어야 하지요.

$72 = 8 \times 9$이지요? 그럼 $a679b$는 8의 배수이면서 동시에 9의 배수가 되어야 하는군요. 8의 배수가 되려면 끝의 세 자리

세 번째 수업 45

수 79b가 8의 배수가 되어야 합니다. 이것은 790 + b이고 8 × 98 + 6 + b이므로 6 + b가 8의 배수가 되어야 합니다. b는 0 부터 9까지의 수이므로 b = 2입니다.

이제 a6792가 9의 배수가 되려면 각 자리 수의 합이 9의 배 수가 되어야 합니다. 즉, a + 6 + 7 + 9 + 2 = 24 + a가 9의 배 수가 되어야 하지요. a는 1부터 9까지의 수이니까 a = 3이 됩 니다. 따라서 금붕어 72마리의 가격은 36,792원이 됩니다.

서론 필요 없이 어서 문제를 내보시오!

흠, 좋다. 12는 3의 배수다. 이것은 12=3×4로 쓸 수 있다. 즉, 어떤 수가 3과 자연수와의 곱으로 쓰여지면 그 수는 3의 배수가 되는 것이다.

그럼 4876은….

잠깐! 배수 문제로군. 그럼 제가 배수판정법을 먼저 설명해 보죠.

먼저 10의 배수는 아주 쉽죠. 일의 자리 수가 0이면 10의 배수이고, 2의 배수는 일의 자리의 수가 0, 2, 4, 6, 8이면 되죠.

30, 270, 4080, …은 10의 배수
10, 32, 54, …는 2의 배수

또, 일의 자리 수가 0, 5이면 그 수는 5의 배수이고, 끝의 두 자리 수가 4의 배수이면 4의 배수가 된다, 이 말씀입니다. 따라서 4876은 4의 배수이지요.

10, 15, 135, …는 5의 배수
12, 124, 4876, …은 4의 배수

오, 그동안 공부를 많이 했군. 잘 맞혔다.

야호~!

비밀이 1가지 있는데…, 사실 난 48760이 어떤 수의 배수인지 몰랐다.

헉, 엉터리 스핑크스! 괜히 나만 수학 공부 열심히 했네.

4

약수와 소수 이야기

어떤 자연수의 약수에 대해 알아봅시다.
또한 1과 자기 자신만을 약수로 갖는 소수에 대해 알아봅시다.

4

네 번째 수업

약수와 소수 이야기

페르마는 약수에 대한 이야기로
네 번째 수업을 시작했다.

2는 6의 약수입니다. 왜냐하면 2로 6을 나누면 나머지가 생기지 않기 때문이지요. 이렇게 어떤 수를 나누어 나머지가 생기지 않게 하는 수를 주어진 수의 약수라고 합니다.

6을 두 자연수의 곱으로 나타내 봅시다.

6 = 2 × 3

즉, 2와 3은 6을 나머지 없이 나누는 수입니다. 그러므로 2와 3은 6의 약수이지요. 6의 약수는 2와 3뿐일까요? 그렇지

는 않습니다. 6을 다음과 같이 다른 두 수의 곱으로 나타낼
수 있기 때문입니다.

$$6 = 1 \times 6$$

그러므로 1과 6도 6의 약수입니다. 그러므로 6의 약수는 다
음과 같습니다.

1, 2, 3, 6

모든 수는 자신과 1과의 곱으로 쓸 수 있으므로 원래의 수와
1은 항상 주어진 수의 약수가 된다는 것을 알 수 있습니다. 즉,
1은 모든 수의 약수가 되지요.
12의 약수를 구해 봅시다. 12를 두 수의 곱으로 나타내면 다
음과 같습니다.

$$12 = 1 \times 12$$
$$12 = 2 \times 6$$
$$12 = 3 \times 4$$

그러므로 12의 약수는 다음과 같습니다.

1, 2, 3, 4, 6, 12

소수

이번에는 7의 약수를 구해 봅시다.

$7 = 1 \times 7$

어랏! 이게 끝이군요. 그러므로 7의 약수는 다음과 같습니다.

1, 7

이렇게 1과 자기 자신만을 약수로 가지는 수를 소수라고 합니다. 소수를 나열하면 다음과 같습니다.

2, 3, 5, 7, 11, 13, …

1은 왜 빠졌을까요? 1 = 1 × 1입니다. 소수는 1과 자신만을 약수로 가져야 하나 1의 자기 자신은 1이기 때문에 소수라고 부르지 않습니다.

여기서 우리는 소수에 대해 다음 사실을 알 수 있습니다.

① 1은 소수가 아니다.

② 소수 중 짝수는 2뿐이다.

③ 소수의 약수의 개수는 2개이다.

이제 1부터 50까지의 수에서 소수를 찾는 방법에 대해 알아 보겠습니다.

수학자의 비밀노트

에라토스테네스의 체

이 체는 소수를 찾는 방법으로 고대 그리스 수학자 에라토스테네스(Eratosthenes)가 발견하였다.

1부터 자연수를 나열한 뒤 1은 소수에서 제외되므로 지우고, 다음에 나타나는 2를 남기고 2의 배수들을 지워 나간다. 이어서 3을 남기고, 3의 배수들을 지우고, 이것을 반복하면 소수만 남게 된다. 이렇게 자연수를 체로 거르듯 소수를 골라내는 방법이 에라토스테네스의 체이다.

사람이 이 방법으로 일일이 소수를 구하는 데에는 시간이 많이 필요하지만, 컴퓨터에 적용한다면 쉽고 빠르게 소수를 골라낼 수 있다.

페르마는 1부터 50까지의 숫자가 적힌 카드를 순서대로 펼쳐 놓았다.

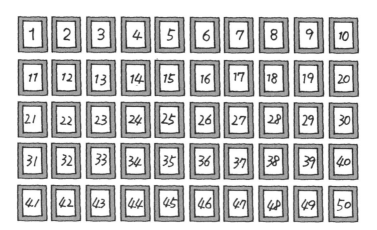

1은 소수가 아니므로 카드를 버립니다.

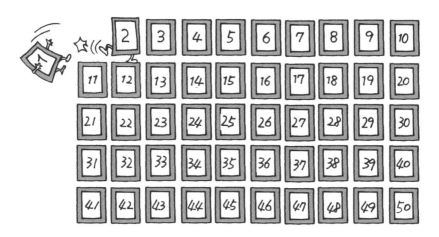

소수 2만 남겨 두고 나머지 2의 배수인 카드를 모두 버립니다.

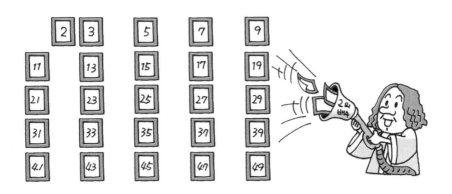

소수 3을 남기고 3의 배수인 카드를 모두 버립니다.

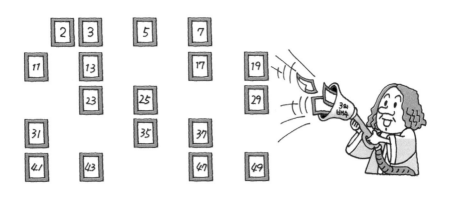

소수 5를 남기고 5의 배수인 카드를 모두 버립니다. 25, 35 를 버려야겠지요.

소수 7을 남기고 7의 배수인 카드를 모두 버립니다.

이와 같은 방법으로 다른 소수에 대해서도 적용하면 주어진 범위에 있는 소수를 모두 찾을 수 있습니다. 그 결과는 다음과 같지요.

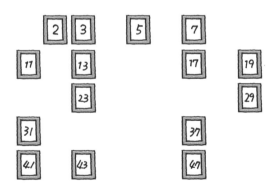

우리는 1에서 50까지의 소수를 모두 구했습니다. 그럼 소수

는 끝없이 많을까요? 물론입니다. 예를 들어, 5가 제일 큰 소수라고 가정해 보지요. 그럼 소수는 2, 3, 5의 3개입니다. 이때 다음과 같은 수를 생각합시다.

$$q = 2 \times 3 \times 5 + 1$$

이 수는 2, 3, 5보다 큽니다. 또한 이 수는 2로 나누어도 나머지가 1이고 3이나 5로 나누어도 나머지가 1입니다. 그러므로 이 수는 소수입니다. 그렇다면 이 수는 5보다 큰 소수가 되니까 5가 가장 큰 소수라는 것은 말이 되지 않습니다. 그러므로 5는 가장 큰 소수가 아닙니다.

이 논리를 이용하여 일반적인 증명을 할 수 있습니다. 소수의 개수가 유한하다면 가장 큰 소수 p가 존재합니다.

$$q = 2 \times 3 \times 5 \times 7 \times \cdots \times p + 1$$

이라 하면 q는 분명히 p보다 크고 2, 3, 5, 7, $\cdots$, p의 어떤 소수로도 나누어 떨어지지 않습니다. 따라서 q는 p보다 큰 소수이므로 가정에 모순이 됩니다. 그러므로 소수의 개수는 유한개가 아닙니다. 즉, 소수의 개수는 무한히 많습니다.

소인수분해

이제 임의의 자연수를 소수들만의 곱으로 나타내는 방법에 대해 알아보겠습니다. 그것을 소인수분해라고 하는데 그것을 알기 위해서는 먼저 거듭제곱에 대해 알아야 합니다.

거듭제곱이란 같은 수를 여러 번 곱하는 것입니다. 예를 들어 2를 여러 번 곱한 수, 즉 2×2, $2 \times 2 \times 2$, $2 \times 2 \times 2 \times 2$, …와 같은 수를 간단히 나타내는 방법으로 2의 거듭제곱을 이용하지요.

거듭제곱은 다음과 같이 표현합니다.

$2 \times 2 = 2^2$

$2 \times 2 \times 2 = 2^3$

$2 \times 2 \times 2 \times 2 = 2^4$

2^2, 2^3, 2^4을 각각 2의 제곱, 2의 세제곱, 2의 네제곱이라 읽습니다. 일반적으로 2를 여러 개 곱한 것을 2의 거듭제곱이라고 합니다.

이제 어떤 수를 소인수분해하는 방법에 대해 알아봅시다. 예를 들어 60을 소수들만의 곱으로 나타내 봅시다.

60을 두 수의 곱으로 써 봅시다. 60을 두 수의 곱으로 나누는 방법은 여러 가지가 있지요. 예를 들어 60 = 2 × 30이라고 썼다면 다음과 같이 나타냅니다.

앞에서 알아본 것처럼 2는 소수이니까 놔두고 30을 다시 두 수의 곱으로 나타냅니다. 30도 두 수의 곱으로 나누는 방법은 여러 가지가 있지요. 예를 들어 30 = 2 × 15라고 했다면 다음과 같이 나타냅니다.

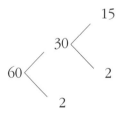

다시 15를 두 수의 곱으로 나타냅니다. 예를 들어 15 = 3 × 5라고 했다면 오른쪽 페이지와 같이 나타냅니다.

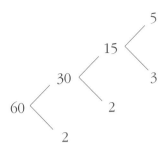

이제 소수들만 나타났지요? 그럼 60을 그 소수들의 곱으로 나타내면 됩니다. 즉, 60의 소인수분해는 다음과 같지요.

$$60 = 2 \times 2 \times 3 \times 5 = 2^2 \times 3 \times 5$$

배수 퍼즐

페르마는 1부터 10까지 적힌 카드를 아이들 앞에 펼쳐 놓았다.

1의 배수인 카드를 뒤집어 봅시다.

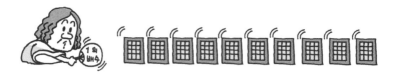

카드가 모두 뒤집어졌군요. 이번에는 2의 배수인 카드를 뒤집어 봅시다.

3의 배수인 카드를 뒤집어 봅시다.

4의 배수인 카드를 뒤집어 봅시다.

5의 배수인 카드를 뒤집어 봅시다.

6의 배수인 카드를 뒤집어 봅시다.

7의 배수인 카드를 뒤집어 봅시다.

8의 배수인 카드를 뒤집어 봅시다.

9의 배수인 카드를 뒤집어 봅시다.

마지막으로 10의 배수인 카드를 뒤집어 봅시다.

뒤집혀 있는 카드는 어떤 카드지요?

__1, 4, 9 카드입니다.

1, 4, 9는 1^2, 2^2, 3^2 이지요? 이렇게 차례로 배수의 숫자 카드를 뒤집었을 때 뒤집힌 상태로 남아 있는 카드는 완전제곱수입니다.

스핑크스에게 도전하기 위해 공부 중인 사람입니다. 1문제를 풀었다는 분이 계시다고 하여 좀 여쭤보러 왔습니다.

아, 그러시지요.

2로 6을 나누면 나머지가 생기지 않는 것처럼 어떤 수를 나누어 나머지가 생기지 않게 하는 수를 주어진 수의 약수라고 하잖아요.

그렇지요.

그런데 6은 두 자연수의 곱으로 나타내 보면 6=2×3이므로 2와 3이 6의 약수인 것은 확실한데, 그럼 6의 약수는 2와 3뿐인가요?

그렇지는 않습니다.

6은 6=1×6과 같이 나타낼 수도 있습니다. 그러므로 1과 6도 6의 약수가 되는 것입니다. 그러므로 6의 약수는, 1, 2, 3, 6이 되는 것이지요.

아, 그렇군요.

모든 수는 자신과 1과의 곱으로 쓸 수 있으므로 원래의 수와 1은 항상 주어진 수의 약수가 됩니다. 또한 1은 모든 수의 약수가 된다는 것을 명심하십시오.

감사합니다. 많은 도움이 되었습니다.

근데, 혹시 약수 공부만 하셨나요?

네. 왜 그러시죠?

아, 아무것도 아닙니다.

완전수와 메르센 소수

소수를 규칙적으로 찾는 방법은 무엇일까요?
완전수에 대해 알아봅시다.

5

다섯 번째 수업
완전수와 메르센 소수

페르마는 소수에 대해
좀 더 자세히 알아보자며
다섯 번째 수업을 시작했다.

완전수와 완전수의 성질

6의 약수는 1, 2, 3, 6입니다. 이 중에서 자기 자신의 수가 아
닌 약수는 1, 2, 3이지요. 이 약수를 진약수라고 합니다. 이때 6
의 진약수를 모두 더해 봅시다.

1 + 2 + 3 = 6

어랏! 원래의 수와 같아지는군요. 이렇게 진약수들의 합이

원래의 수와 같아지는 수를 완전수라고 합니다.

12의 진약수는 무엇이지요?

— 1, 2, 3, 4, 6입니다.

12의 진약수를 모두 더해 봅시다.

$$1 + 2 + 3 + 4 + 6 = 16$$

원래의 수보다 커지지요? 이렇게 진약수의 합이 원래의 수보다 큰 수를 초과수라고 합니다.

10의 진약수는 무엇이지요?

— 1, 2, 5입니다.

10의 진약수를 모두 더해 봅시다.

$$1 + 2 + 5 = 8$$

원래의 수보다 작아지는군요. 이렇게 진약수의 합이 원래의 수보다 작아지는 수를 부족수라고 합니다.

그렇다면 6 다음의 완전수는 어떤 수들일까요? 숫자가 커질수록 완전수는 드물게 나타나지요. 6 다음의 완전수를 구하면 다음과 같습니다.

$6 = 1 + 2 + 3$

$28 = 1 + 2 + 4 + 7 + 14$

$496 = 1 + 2 + 4 + 8 + 16 + 31 + 62 + 124 + 248$

네 번째 완전수는 8128, 다섯 번째 완전수는 33550336이고, 여섯 번째 완전수는 무려 8589869056입니다.

완전수에는 재미있는 성질들이 있습니다. 다음 등식을 봅시다.

$6 = 1 + 2 + 3$

$28 = 1 + 2 + 3 + 4 + 5 + 6 + 7$

$496 = 1 + 2 + 3 + 4 + 5 + 6 + 7 + 8 + 9 + \cdots + 30 + 31$

$8128 = 1 + 2 + 3 + 4 + 5 + 6 + 7 + 8 + \cdots + 126 + 127$

이렇게 완전수는 항상 연속되는 자연수의 합으로 표현할 수 있습니다.

이번에는 처음 6개의 완전수를 봅시다.

6

28

496

8128

33550336

8589869056

모두 짝수이군요. 지금까지 구한 완전수는 모두 짝수입니다. 하지만 그 이유는 아직까지 아무도 모른답니다. 또한 모든 완전수는 일의 자리의 수가 6이나 8입니다. 이것도 완전수의 신기한 성질이지요.

6을 제외한 완전수들의 각 자리의 수를 더해 봅시다.

$2 + 8 = 10$

$4 + 9 + 6 = 19$

$8 + 1 + 2 + 8 = 19$

$3 + 3 + 5 + 5 + 0 + 3 + 3 + 6 = 28$

$8 + 5 + 8 + 9 + 8 + 6 + 9 + 0 + 5 + 6 = 64$

이때 10, 19, 28, 64를 9로 나눈 나머지는 얼마지요?

＿1입니다.

이렇게 6보다 큰 완전수의 각 자리 수의 합은 9로 나눈 나머지가 1인 수입니다.

또 다른 성질이 있습니다. 6을 제외한 모든 완전수는 다음과 같이 연속된 홀수의 세제곱의 합이 됩니다.

$$1^3 + 3^3 = 28$$
$$1^3 + 3^3 + 5^3 + 7^3 = 496$$
$$1^3 + 3^3 + 5^3 + 7^3 + 9^3 + 11^3 + 13^3 + 15^3 = 8128$$

이번에는 더욱 신기한 성질을 보여 주겠습니다. 완전수 6의 약수는 무엇이지요?

___1, 2, 3, 6입니다.

각각의 역수는 뭐죠?

___$\frac{1}{1}, \frac{1}{2}, \frac{1}{3}, \frac{1}{6}$ 입니다.

페르마는 아이들에게 역수들을 모두 더하게 했다. 잠시 후 아이들은 다음 결과를 얻었다.

$$\frac{1}{1} + \frac{1}{2} + \frac{1}{3} + \frac{1}{6} = 2$$

완전수 28의 약수는 무엇이지요?

__1, 2, 4, 7, 14, 28입니다.

각각의 역수는 무엇이지요?

__$\dfrac{1}{1}$, $\dfrac{1}{2}$, $\dfrac{1}{4}$, $\dfrac{1}{7}$, $\dfrac{1}{14}$, $\dfrac{1}{28}$입니다.

페르마는 아이들에게 역수들을 모두 더하게 했다. 잠시 후 아이들은 다음 결과를 얻었다.

$$\frac{1}{1} + \frac{1}{2} + \frac{1}{4} + \frac{1}{7} + \frac{1}{14} + \frac{1}{28} = 2$$

다시 2가 나왔지요? 이렇게 완전수의 모든 약수의 역수의 합은 2입니다.

우애수

220의 진약수는 무엇이지요?

__1, 2, 4, 5, 10, 11, 20, 22, 44, 55, 110입니다.

이것을 모두 더하면 얼마지요?

__284입니다.

284의 진약수는 무엇이지요?

＿1, 2, 4, 71, 142입니다.

이것을 모두 더하면 얼마지요?

＿220입니다.

어랏! 220의 진약수의 합은 284이고, 284의 진약수의 합은 220이 되는군요. 이런 두 수를 우애수라고 합니다. 또 다른 우애수로는 1184와 1210, 17296과 18416 등이 있습니다.

메르센 소수

이번에는 소수를 찾아내는 재미있는 공식에 대해 알아보겠습니다.

페르마는 아이들에게 $2^n - 1$에서 n의 자리에 소수를 차례로 넣어 보게 했다. 아이들은 $n = 2, 3, 5, 7, \cdots$ 을 차례로 넣었다.

$n=2$이면 $2^n - 1 = 2^2 - 1 = 3$

$n=3$이면 $2^n - 1 = 2^3 - 1 = 7$

$n=5$이면 $2^n - 1 = 2^5 - 1 = 31$

$n=7$ 이면 $2^n - 1 = 2^7 - 1 = 127$

여기서 3, 7, 31, 127은 모두 소수입니다. 그렇다면 n이 소수일 때 $2^n - 1$은 항상 소수일까요?

페르마는 아이들에게 $n=11$일 때 $2^n - 1$을 계산하게 했다. 아이들은 다음 결과를 얻었다.

$n = 11$이면 $2^n - 1 = 2^{11} - 1 = 2047$

2047은 소수일까요?

아이들은 2047을 여러 소수로 나누어 보기 시작했다. 이 수는 소수임에 틀림없는 것 같아 보였다.

2047 = 23 × 89입니다. 즉, 1이 아닌 두 수의 곱으로 쓸 수 있으므로 2047은 소수가 아닙니다.

n이 소수일 때 $2^n - 1$이 소수일 거라고 처음 생각한 사람은 메르센(Marin Mersenne, 1588~1648)이라는 프랑스의 수학자입니다. 물론 항상 소수가 되지는 않지요. 하지만 n이 소수일

때 $2^n - 1$의 꼴의 소수를 메르센 소수라고 합니다. 예를 들어 n
이 다음 값을 가지는 경우 $2^n - 1$이 메르센 소수가 됩니다.

$$n = 2, 3, 5, 7, 13, 17, 19, 31, 61, 89, 107, 127, \cdots$$

메르센 소수는 컴퓨터를 이용하여 찾습니다. 1999년에는 38
번째 메르센 소수인 $2^{6972593} - 1$이 발견되었지요. 이것은 자릿수
가 무려 2,098,960자리나 됩니다. 그 후 2001년에는 4,053,946
자리의 39번째 메르센 소수인 $2^{13466917} - 1$이 발견되었습니다. 이
것은 여러분이 3주 동안 연필로 써야 할 정도로 긴 수입니다.

물론 모든 소수가 메르센 소수는 아닙니다. 예를 들어 5, 11,
13, …과 같은 소수는 메르센 소수가 아니지요.

수학자의 비밀노트

GIMPS(Great Internet Mersenne Prime Search)
GIMPS는 인터넷을 통해 무료로 다운로드할 수 있는 Prime95와
MPrime과 같은 특별한 소프트웨어를 사용하여 메르센 소수를 찾는 사
람들의 공동 프로젝트이다.

2009년 8월 23일, 에드슨 스미스(Edson Smith)가 47번째 메르센
소수를 찾았으며, 이것은 무려 12,978,189자리수이다.

메르센 소수와 완전수 사이의 관계

이번에는 메르센 소수와 완전수 사이의 재미있는 관계를 알아보겠습니다.

처음 4개의 완전수를 소인수분해하면 다음과 같습니다.

$$6 = 2 \times 3$$
$$28 = 2^2 \times 7$$
$$496 = 2^4 \times 31$$
$$8128 = 2^6 \times 127$$

완전수는 2의 거듭제곱과 소수와의 곱입니다. 여기서 소수 3, 7, 31, 127은 다음과 같이 쓸 수 있습니다.

$$3 = 4 - 1 = 2^2 - 1$$
$$7 = 8 - 1 = 2^3 - 1$$
$$31 = 32 - 1 = 2^5 - 1$$
$$127 = 128 - 1 = 2^7 - 1$$

따라서 완전수는 다음과 같이 쓸 수 있습니다.

$6 = 2 \times (2^2 - 1)$

$28 = 2^2 \times (2^3 - 1)$

$496 = 2^4 \times (2^5 - 1)$

$8128 = 2^6 \times (2^7 - 1)$

그러므로 n이 소수일 때 $2^n - 1$이 소수이면 $2^{n-1}(2^n - 1)$은 완전수가 됩니다.

멀더, 자기 자신의 수가 아닌 약수들의 합이 원래 수와 같아지는 것을 완전수라고 하지요? 제가 그 완전수에 대한 비밀을 알아냈어요.

어떤 비밀이죠, 스컬리?

완전수에는 재미있는 성질들이 있어요. 이 등식을 보면 완전수는 항상 연속되는 자연수의 합으로 표현할 수가 있어요.

$$6 = 1 + 2 + 3$$
$$28 = 1 + 2 + \cdots + 6 + 7$$
$$496 = 1 + 2 + \cdots + 30 + 31$$

게다가 지금까지 구한 완전수는 모두 짝수라는 겁니다. 또한 모든 완전수는 일의 자리 수가 6이나 8이라는 것도 완전수의 신기한 성질이지요.

흠, 정말 흥미롭군요.

또 다른 성질도 발견했어요. n이 소수일 때, $2^n - 1$은 소수일 수도 있어요. 그럼 n = 11일 때 $2^n - 1 = 2047$은 소수일까요?

2047은 $2047 = 23 \times 89$로 1이 아닌 두 수의 곱으로 나타낼 수 있으므로 소수가 아니죠.

그래요. n이 소수일 때 2047처럼 $2^n - 1$은 항상 소수가 되지는 않아요. 하지만 n이 소수 중 다음 값을 가질 때, $2^n - 1$은 소수가 되요. 어때요, 놀랍죠?
n = 2, 3, 5, 7, 13, 17, 19, 31, 61, ⋯

그건 메르센 소수잖아요. 메르센이란 사람이 처음 생각했기 때문에 n이 소수일 때, $2^n - 1$인 꼴의 소수를 메르센 소수라고 한다고요.

이럴 수가!
이건 밝혀지지 않은 미스터리라고 생각했는데⋯.

6

페르마의 정리

페르마는 소수에 대한 어떤 규칙을 발견했을까요?
페르마의 정리에 대해 알아봅시다.

6

여섯 번째 수업

페르마의 정리

페르마는 자신이 발견한
정리를 소개하겠다며
여섯 번째 수업을 시작했다.

오늘은 정수와 관련된 재미있는 정리들을 소개하겠습니다.
그전에 나머지에 대한 수학을 먼저 알아야 합니다. 자연수를 5
로 나눈 나머지가 같은 수끼리 모으면 다음과 같습니다.

나머지가 1 : 1, 6, 11, 16, …

나머지가 2 : 2, 7, 12, 17, …

나머지가 3 : 3, 8, 13, 18, …

나머지가 4 : 4, 9, 14, 19, …

나머지가 0 : 5, 10, 15, 20, …

이렇게 나머지가 같은 수를 다음과 같이 나타냅시다.

$$1 \equiv 6 \equiv 11 \equiv 16 \equiv \cdots$$

$$2 \equiv 7 \equiv 12 \equiv 17 \equiv \cdots$$

$$3 \equiv 8 \equiv 13 \equiv 18 \equiv \cdots$$

$$4 \equiv 9 \equiv 14 \equiv 19 \equiv \cdots$$

$$0 \equiv 5 \equiv 10 \equiv 15 \equiv \cdots$$

즉, $a \equiv b$이면 a와 b는 5로 나눈 나머지가 같습니다. 이런 기호를 도입하면 우리는 1, 2, 3, 4, 0만으로 나타낼 수 있습니다. 그럼 이 수들의 곱셈을 조사해 봅시다.

$$1 \times 1 = 1, \quad 1 \times 2 = 2, \quad 1 \times 3 = 3, \quad 1 \times 4 = 4$$

$$2 \times 1 = 2, \quad 2 \times 2 = 4, \quad 2 \times 3 = 6, \quad 2 \times 4 = 8$$

$$3 \times 1 = 3, \quad 3 \times 2 = 6, \quad 3 \times 3 = 9, \quad 3 \times 4 = 12$$

$$4 \times 1 = 4, \quad 4 \times 2 = 8, \quad 4 \times 3 = 12, \quad 4 \times 4 = 16$$

이 관계식의 나머지를 조사하면 다음과 같습니다.

$$1 \times 1 \equiv 1, \quad 1 \times 2 \equiv 2, \quad 1 \times 3 \equiv 3, \quad 1 \times 4 \equiv 4$$

$2 \times 1 \equiv 2, \quad 2 \times 2 \equiv 4, \quad 2 \times 3 \equiv 1, \quad 2 \times 4 \equiv 3$

$3 \times 1 \equiv 3, \quad 3 \times 2 \equiv 1, \quad 3 \times 3 \equiv 4, \quad 3 \times 4 \equiv 2$

$4 \times 1 \equiv 4, \quad 4 \times 2 \equiv 3, \quad 4 \times 3 \equiv 2, \quad 4 \times 4 \equiv 1$

따라서 모든 결과가 0, 1, 2, 3, 4 중 하나의 수가 됩니다. 이 때 각 줄에 있는 식들을 모두 곱해 봅시다.

$(1 \times 1) \times (1 \times 2) \times (1 \times 3) \times (1 \times 4) \equiv 1 \times 2 \times 3 \times 4$

$(2 \times 1) \times (2 \times 2) \times (2 \times 3) \times (2 \times 4) \equiv 2 \times 4 \times 1 \times 3$

$(3 \times 1) \times (3 \times 2) \times (3 \times 3) \times (3 \times 4) \equiv 3 \times 1 \times 4 \times 2$

$(4 \times 1) \times (4 \times 2) \times (4 \times 3) \times (4 \times 4) \equiv 4 \times 3 \times 2 \times 1$

이 식을 거듭제곱으로 나타내면 다음과 같습니다.

$1^4 \times (1 \times 2 \times 3 \times 4) \equiv 1 \times 2 \times 3 \times 4$

$2^4 \times (1 \times 2 \times 3 \times 4) \equiv 2 \times 4 \times 1 \times 3$

$3^4 \times (1 \times 2 \times 3 \times 4) \equiv 3 \times 1 \times 4 \times 2$

$4^4 \times (1 \times 2 \times 3 \times 4) \equiv 4 \times 3 \times 2 \times 1$

양변을 $1 \times 2 \times 3 \times 4$로 나누어 주면 다음과 같습니다.

$$1^4 \equiv 1$$
$$2^4 \equiv 1$$
$$3^4 \equiv 1$$
$$4^4 \equiv 1$$

따라서 소수 5로 나눈 0 아닌 나머지의 네제곱은 5로 나눈 나머지가 항상 1이 됩니다. 이것은 다른 소수에 대해서도 마찬가지입니다. 일반적으로 페르마의 정리는 다음과 같습니다.

소수 p가 자연수 n의 약수가 아니면 n^{p-1}은 p로 나눈 나머지가 1인 수이다.

페르마의 소수

우리는 앞에서 메르센 소수를 통해 소수를 만드는 공식을 배웠습니다. 이번에는 다른 방법으로 소수를 찾아보겠습니다.

다음과 같은 꼴을 봅시다.

$$2^{\square} + 1$$

여기서 □에 1, 2^1, 2^2, 2^3, 2^4, 2^5을 차례로 넣어 봅시다.

□ = 1이면 $2^□ + 1 = 2 + 1 = 3$

□ = 2^1 = 2이면 $2^□ + 1 = 2^2 + 1 = 5$

□ = 2^2 = 4이면 $2^□ + 1 = 2^4 + 1 = 17$

□ = 2^3 = 8이면 $2^□ + 1 = 2^8 + 1 = 257$

□ = 2^4 = 16이면 $2^□ + 1 = 2^{16} + 1 = 65537$

□ = 2^5 = 32이면 $2^□ + 1 = 2^{32} + 1 = 4294967297$

모두 소수일까요? 이 공식은 마치 소수를 만들어 낼 수 있는 것처럼 보입니다. 하지만 3, 5, 17, 257, 65537은 소수이지만 4294967297은 소수가 아닙니다. 왜냐하면 이 수는 다음과 같이 소인수분해되기 때문입니다.

$4294967297 = 641 \times 6700417$

따라서 이 규칙도 메르센 공식처럼 어떤 경우는 소수가 되고 어떤 경우는 소수가 되지 않습니다.

만화로 본문 읽기

7

공약수와 공배수 이야기

두 수의 약수 중 공통인 수와
두 수의 배수 중 공통인 수에 대해 알아봅시다.

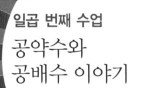

일곱 번째 수업

공약수와
공배수 이야기

페르마는 약수와 배수를 복습하며
일곱 번째 수업을 시작했다.

12의 약수를 모두 이야기해 보세요.

__1, 2, 3, 4, 6, 12입니다.

18의 약수를 모두 이야기해 보세요.

__1, 2, 3, 6, 9, 18입니다.

12의 약수이면서 동시에 18의 약수인 것은 무엇이지요?

__1, 2, 3, 6입니다.

이것을 두 수 12와 18의 공약수라고 합니다. 그리고 이 중에서 가장 큰 수를 최대공약수라고 합니다. 그러므로 12와 18의 최대공약수는 6이지요.

이제 어떤 두 수의 최대공약수를 구하는 방법에 대해 알아봅시다. 예를 들어, 36과 90의 최대공약수를 구해 봅시다.

36과 90을 각각 소인수분해하면 다음과 같습니다.

$$36 = 2^2 \times 3^2$$
$$90 = 2 \times 3^2 \times 5$$

이것을 거듭제곱을 쓰지 않고 써 봅시다.

$$36 = 2 \times 2 \times 3 \times 3$$
$$90 = 2 \times 3 \times 3 \times 5$$

두 수를 이루는 소수의 개수를 나열해 봅시다.

	36	90
2	2개	1개
3	2개	2개
5	0개	1개

이때 두 수의 소인수분해에 포함된 소수의 개수가 작은 쪽을 표시해 봅시다.

	36	90
2	2개	①개
3	②개	2개
5	⓪개	1개

따라서 2를 1개, 3을 2개 곱하면 다음과 같지요.

$$2 \times 3 \times 3 = 18$$

이것이 바로 두 수 36과 90의 최대공약수입니다.

최대공약수의 응용

최대공약수를 이용하여 해결할 수 있는 문제를 살펴봅시다. 예를 들어 보지요. 어떤 자연수로 89를 나누면 5가 남고 64를 나누면 4가 남는다고 합시다. 이런 조건을 만족하는 수 중 가장 큰 수를 최대공약수를 써서 구할 수 있습니다.

구하는 자연수를 *a*라고 했을 때, 이 수로 89를 나누면 5가 남고 64를 나누면 4가 남는다는 조건을 식으로 쓰면 다음과 같습니다.

$$89 = a \times (몫) + 5$$
$$64 = a \times (몫) + 4$$

첫 번째 식에서는 5를 빼고 두 번째 식에서는 4를 빼면 다음과 같은 식이 나타납니다.

$$84 = a \times (몫)$$
$$60 = a \times (몫)$$

어랏! *a*는 84와 60의 공약수이군요. 그러므로 그중 제일 큰 수는 바로 두 수 84와 60의 최대공약수인 12입니다. 따라서 구하는 수는 12이지요.

페르마는 갑자기 가로 8cm, 세로 12cm인 판을 가지고 와서 아이들에게 나누어 주었다. 아이들은 이 판을 어디에 쓰는 물건인지 알 수 없었다.

　이 판을 정사각형의 종이를 가지고 완전히 덮어 보세요. 단, 가장 큰 정사각형으로 덮어야 합니다.

　미희가 가로, 세로가 2cm인 정사각형을 여러 장 만들어 판에 붙이고 있었다.

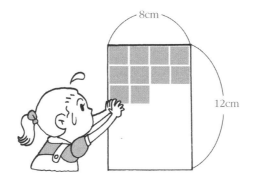

　미희가 붙이고 있는 정사각형은 가장 큰 정사각형이 아닙니다.

페르마는 가로, 세로가 4cm인 정사각형 종이 6장으로 판을 완전히
채울 수 있었다.

이 문제에서는 한 변의 길이가 4cm인 정사각형이 가장 큰
정사각형입니다. 그럼 4는 어디서 나왔을까요?

판에 붙일 수 있는 정사각형의 한 변의 길이를 $a$cm라고 합
시다. 가로 방향으로 남거나 모자라지 않으려면 다음과 같아야
합니다.

$8 = a \times$ (몫)

여기서 몫은 바로 가로 방향으로의 종이의 수입니다. 마찬가
지로 세로 방향으로 남거나 모자라지 않으려면 다음과 같아야
합니다.

$$12 = a \times (\text{몫})$$

따라서 a는 8과 12의 공약수가 되어야 하지요. 이 중 가장 큰 a는 두 수 8, 12의 최대공약수인 4입니다. 따라서 필요한 정사각형의 한 변의 길이는 4cm입니다.

최소공배수

이번에는 공배수에 대해 알아보겠습니다.

2의 배수를 모두 이야기해 보세요.

__2, 4, 6, 8, 10, 12, …입니다.

3의 배수를 모두 이야기해 보세요.

__3, 6, 9, 12, …입니다.

2의 배수이면서 동시에 3의 배수인 것은 무엇이지요?

__6, 12, …입니다.

이것을 두 수 2와 3의 공배수라고 합니다. 그리고 이 중에서 가장 작은 수를 최소공배수라고 합니다. 그러므로 2와 3의 최소공배수는 6이지요.

이제 어떤 두 수의 최소공배수를 구하는 방법에 대해 알아봅시다. 예를 들어 24와 60의 최소공배수를 구해 봅시다.

24와 60을 각각 소인수분해하면 다음과 같습니다.

$24 = 2^3 \times 3$

$60 = 2^2 \times 3 \times 5$

이것을 거듭제곱을 쓰지 않고 써 봅시다.

$24 = 2 \times 2 \times 2 \times 3$

$60 = 2 \times 2 \times 3 \times 5$

두 수의 소인수분해에 들어 있는 소수의 개수를 나열해 봅시다.

	24	60
2	3개	2개
3	1개	1개
5	0개	1개

이때 두 수의 소인수분해에 포함된 소수의 개수가 큰 쪽을

표시해 봅시다.

	24	60
2	③개	2개
3	①개	1개
5	0개	①개

따라서 2를 3개, 3을 1개, 5를 1개 곱하면 다음과 같습니다.

$$2 \times 2 \times 2 \times 3 \times 5 = 120$$

이것이 바로 두 수 24와 60의 최소공배수입니다.

최소공배수의 응용

이번에는 최소공배수를 이용하는 문제를 살펴봅시다. 다음 문제를 봅시다.

3, 5, 7 중 어느 것으로 나누어도 나머지가 2인 자연수 중에서 가장 작은 수를 구해 봅시다.

구하는 수를 A라고 하고 주어진 조건을 식으로 나타내면 다음과 같습니다.

$$A = 3 \times (몫) + 2$$
$$A = 5 \times (몫) + 2$$
$$A = 7 \times (몫) + 2$$

세 식에서 2를 빼 주면 다음과 같지요.

$$A - 2 = 3 \times (몫)$$
$$A - 2 = 5 \times (몫)$$
$$A - 2 = 7 \times (몫)$$

따라서 A − 2는 3과 5와 7의 공배수입니다. 이 중 A가 제일 작은 경우는 A − 2가 3, 5, 7의 최소공배수인 105가 되는 경우이지요. 즉 A − 2 = 105입니다. 따라서 A=107이 되지요.

또 다른 문제를 봅시다.

어느 역에서 열차 A는 3분마다, 열차 B는 4분마다 출발한다고 합시다. 두 열차가 오전 9시에 동시에 출발하였다면 다음에 다시 동시에 출발하는 시각은 언제일까요?

표를 만들어 보면 금방 알 수 있지요.

A 열차 출발 시각	9시 0분	9시 3분	9시 6분	9시 9분	9시 12분	⋯
B 열차 출발 시각	9시 0분	9시 4분	9시 8분	9시 12분	⋯	⋯

따라서 9시 12분에 다시 동시에 출발하는군요. 여기서 12는
바로 3과 4의 최소공배수입니다.

36과 90의 최대공약수를 구하시오.

최대공약수를 이렇게 구하면 36과 90의 최대공약수는 2×3×3=18이네.

선생님, 저 구했어요.

하하, 잘했어요. 하지만 오늘은 소인수분해를 이용하여 구해 보도록 하죠.

소인수로 분해한다고요? 소수의 곱으로 분해하여 나타내는 건가요?

그래요. 36과 90을 먼저 소인수분해해 보세요.

$36 = 2^2 \times 3^2$
$90 = 2 \times 3^2 \times 5$

제가 구할게요.

오, 대단한데?

정말 잘했어요. 그럼 두 수에 들어 있는 소수의 개수는 이렇게 되는군요.

표로 나타내니 한눈에 파악하기 쉽네요.

	36	90
2	2개	1개
3	2개	2개
5	0개	1개

여기서 두 수에 공통으로 포함된 소수 중 개수가 작은 쪽을 표시해 보면 이렇게 되지요.

	36	90
2	2개	1개
3	2개	2개
5	0개	1개

그래서 2를 1개, 3을 2개, 5를 0개 곱하면 18이 되고, 이것이 바로 두 수 36, 90의 최대공약수가 되지요.

2×3×3=18

36과 90의 최대공약수

와, 역시 수학 문제를 해결하는 방법은 여러 가지가 있군요.

8

진법 이야기

0과 1만으로 모든 수를 나타낼 수 있을까요?
이진법과 십진법에 대해 알아봅시다.

여덟 번째 수업

진법 이야기

페르마는 우리가 사용하는
수를 예로 들며
여덟 번째 수업을 시작했다.

오늘은 진법에 대해 알아봅시다. 예를 들어 342라는 수를
봅시다. 이 수는 다음과 같이 쓸 수 있지요.

$$342 = 300 + 40 + 2$$
$$= 3 \times 10^2 + 4 \times 10 + 2 \times 1$$

이렇게 한 자리 올라갈 때마다 자리의 값이 10배가 되는 수의 체계를 십진법이라고 합니다. 우리가 흔히 사용하고 있는 수이지요. 이때 십진법의 각 자리의 수는 0부터 9까지의 수 중 하나가 되지요.

이진법

그렇다면 0과 1만으로 모든 수를 나타낼 수 있을까요?

아이들은 서로의 얼굴을 쳐다보았다. 불가능해 보였기 때문이었다.

이제부터 0과 1만으로 모든 수를 나타내는 방법을 설명하겠습니다. 이것을 이진법이라고 하지요. 이진법의 수는 $101_{(2)}$처럼 숫자 뒤에 (2)를 붙여 나타냅니다.

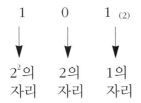

이 수는 다음과 같이 쓸 수 있지요.

$$101_{(2)} = 1 \times 2^2 + 0 \times 2 + 1 \times 1 = 1 \times 2^2 + 1 = 5$$

그러므로 $101_{(2)}$는 십진법의 수 5를 나타냅니다.

하나 더 연습해 보지요. $1010_{(2)}$이 나타내는 십진법의 수를 찾아봅시다. $1010_{(2)}$는 다음과 같이 쓸 수 있지요.

$$1010_{(2)} = 1 \times 2^3 + 0 \times 2^2 + 1 \times 2 + 0 \times 1 = 1 \times 2^3 + 1 \times 2$$

$1 \times 2^3 + 1 \times 2 = 10$이므로 $1010_{(2)}$은 십진법의 수 10을 나타냅니다.

그렇다면 십진법의 수를 이진법으로 바꾸는 방법은 무엇일까요? 예를 들어 11을 이진법의 수로 나타내 보지요.

$11 = 8 + 2 + 1$이고, $2^3 = 8$이므로 거듭제곱으로 나타내면 다

음과 같습니다.

$$11 = 1 \times 2^3 + 0 \times 2^2 + 1 \times 2 + 1 \times 1$$

즉, 11은 2^3의 자리의 수가 1, 2^2의 자리 수가 0, 2의 자리의 수가 1, 1의 자리의 수가 1이므로 이진법으로 쓰면 $1011_{(2)}$이 됩니다.

이것을 좀 더 쉽고 빠르게 구하는 방법이 있습니다. 다음 요령에 맞춰 따라해 보세요.

먼저 11을 2로 나눈 몫 5와 나머지 1을 다음과 같이 씁니다.

2) 11
　　5 … 1

5를 2로 나눈 몫과 나머지를 같은 방법으로 씁니다.

2) 11
2) 5 … 1
　　2 … 1

다시 2를 2로 나눈 몫과 나머지를 같은 방법으로 씁니다.

```
2 ) 11
2 ) 5 … 1
2 ) 2 … 1
    1 … 0
```

이제 밑에서부터 거꾸로 쓰면 그것이 십진법의 수 11을 이진법으로 나타낸 수인 $1011_{(2)}$이 됩니다.

```
2 ) 11
2 ) 5 … 1
2 ) 2 … 1
    1 … 0
```

이진법을 이용하면 어떤 물건의 질량을 잴 때 몇 종류의 추만을 가지고 잴 수 있습니다.

페르마는 양팔 저울과 1g, 2g, 4g, 8g짜리 추를 가지고 왔다.

이제 지우개의 질량을 재 보겠습니다.

페르마는 지우개를 한쪽 접시에 놓고 다른 한쪽 접시에 8g짜리 추를 올려놓았다. 지우개가 조금 더 무거웠다.

페르마는 4g짜리 추를 더 올려놓았다. 이번에는 추가 있는 쪽이 더 무거웠다.

페르마는 4g짜리 추를 빼고 대신 2g짜리 추를 올려놓았다. 추와 지우개가 균형을 이루었다.

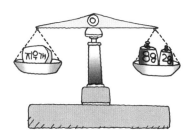

그러니까 지우개의 질량은 8 + 2 = 10(g)입니다. 이것을 이진법으로 나타내면 $1010_{(2)}$이지요. 그러니까 8g짜리 추가 1개, 4g짜리 추가 0개, 2g짜리 추가 1개, 1g짜리 추가 0개 사용됩니다. 이 방법으로 우리는 15g까지의 모든 질량을 잴 수 있습니다.

이진법의 덧셈

이진법인 수의 덧셈은 어떻게 될까요? 먼저 십진법의 덧셈을 보지요.

십진법의 덧셈에서는 두 수의 합이 10을 넘으면 10은 1이 되어 바로 윗자리로 올라가고 나머지는 그 자리에 남습니다. 그러므로 위와 같이 계산되지요.

이진법에서는 2가 10의 역할을 합니다. 그러므로 두 수의 합이 2를 넘으면 2는 1이 되어 바로 윗자리로 올라가고 나머지는 그 자리에 남습니다.

예를 들어, $11011_{(2)} + 1101_{(2)}$을 계산해 보겠습니다. 먼저 다음과 같이 세로로 씁니다.

$$
\begin{array}{ccccc}
 & 1 & 1 & 0 & 1 & 1_{(2)} \\
+ & & 1 & 1 & 0 & 1_{(2)} \\
\hline
\end{array}
$$

네모 안의 수를 더하면 2가 되지요? 그럼 1이 올라가고 0이 남습니다.

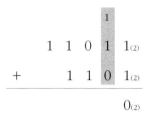

$$\begin{array}{r} \boxed{1} \\ 1\ 1\ 0\ \boxed{1}\ 1_{(2)} \\ +\ \ \ \ 1\ 1\ \boxed{0}\ 1_{(2)} \\ \hline 0_{(2)} \end{array}$$

다시 네모 안의 수를 더하면 2가 되니까 1이 올라가고 0이 남습니다.

$$\begin{array}{r} \boxed{1} \\ 1\ 1\ \boxed{0}\ 1\ 1_{(2)} \\ +\ \ \ 1\ \boxed{1}\ 0\ 1_{(2)} \\ \hline 0\ \ 0_{(2)} \end{array}$$

네모 안의 수를 더하면 다시 2가 되니까 1이 올라가고 0이 남습니다.

$$\begin{array}{r} \boxed{1} \\ 1\ \boxed{1}\ 0\ 1\ 1_{(2)} \\ +\ \ \boxed{1}\ 1\ 0\ 1_{(2)} \\ \hline 0\ 0\ \ 0_{(2)} \end{array}$$

네모 안의 수를 더하면 3이 되니까 1이 올라가고 1이 남습
니다.

$$\begin{array}{ccccccc} & 1 & & & & & \\ & 1 & 1 & 0 & 1 & 1_{(2)} \\ + & & 1 & 1 & 0 & 1_{(2)} \\ \hline & & 1 & 0 & 0 & 0_{(2)} \end{array}$$

다시 네모 안의 수를 더하면 2가 되니까 1이 올라가고 0이 남
습니다.

$$\begin{array}{ccccccc} 1 & & & & & & \\ & 1 & 1 & 0 & 1 & 1_{(2)} \\ + & & 1 & 1 & 0 & 1_{(2)} \\ \hline 1 & 0 & 1 & 0 & 0 & 0_{(2)} \end{array}$$

따라서 $11011_{(2)} + 1101_{(2)} = 101000_{(2)}$ 입니다.

수학자의 비밀노트

이진법의 뺄셈

이진법의 뺄셈을 할 때에는 모자라면 윗자리의 수가 하나 내려와 2가 되고, 나머지는 그 자리에 남는다. 예를 들어 $1001_{(2)} - 11_{(2)}$을 계산하면 다음과 같다.

$$
\begin{array}{r}
\overset{1\ \ 2}{\cancel{1}\cancel{0}}01_{(2)} \\
-\quad 11_{(2)} \\
\hline
110_{(2)}
\end{array}
$$

이것 봐요. 스컬리! 이건 외계인이 남긴 문자가 틀림없어요.

어디 봐요.

이건 이진법이잖아요. 우리가 흔히 쓰는 수는 십진법으로 342라는 수는 다음과 같이 쓸 수 있지요.

$$342 = 300 + 40 + 2$$
$$= 3 \times 100 + 4 \times 10 + 2 \times 1$$

이렇게 한 자리가 올라갈 때마다 자리의 값이 10배가 되는 수의 체계를 십진법이라고 하고, 각 자리의 수는 0부터 9까지의 수 중 하나가 되지요.

그런데 0, 1만으로도 모든 수를 나타낼 수가 있어요. 이것을 이진법이라고 해서 $101_{(2)}$처럼 숫자 뒤에 (2)를 붙여 나타내죠.

예를 들어 $101_{(2)}$란 수는 2^2의 자리의 수가 1, 2의 자리의 수가 0, 1의 자리의 수가 1이니까 $1 \times 2^2 + 0 \times 2 + 1 \times 1$로 나타낼 수 있어요. $4 + 1 = 5$, 즉 $101_{(2)}$는 십진법의 수 5이에요.

그럴 리가 없어요. 스컬리, 제발 진실을….

이런….

십진법의 수 7을 오늘 배운 이진법으로 바꿔볼까?

$$7 = 111_{(2)}$$

멀더, 설마 저 아이가 외계인이라고 우기진 않겠죠?

정수 이야기

0보다 작은 수는 뭘까요?
정수에 대해 알아봅시다.

9

마지막 수업

정수 이야기

교.
과.
연.
계.

중등 수학 1-1   II. 정수와 유리수

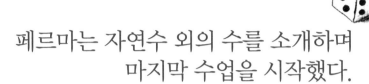

페르마는 자연수 외의 수를 소개하며
마지막 수업을 시작했다.

정수

아이들은 자연수의 신비한 성질에 대해 많은 것을 알게 되었다. 페르마는 좀 더 많은 내용을 들려주지 못해 아쉬워하는 표정이었다.

1보다 1 작은 수는 0입니다. 그럼 0보다 1 작은 수는 뭘까요?

아이들은 당황했다. 0보다 작은 수는 없다고 생각했기 때문이었다.
페르마는 웃으며 말을 이었다.

0보다 1 작은 수를 −1이라고 쓰지요. 그리고 −1보다 1 작은 수를 −2라고 합니다. 이렇게 우리는 '−' 부호가 붙은 수를 음수라고 하지요. 그리고 우리가 배운 자연수 1, 2, 3은 이것과 구별하기 위해 +1, +2, +3으로 나타내고 이렇게 '+' 부호가 붙어 있는 수를 양수라고 합니다. 물론 +2는 2와 같습니다. 이때 자연수에 '−' 부호를 붙인 수들과 자연수, 그리고 0을 합쳐 정수라고 합니다. 그러니까 정수는 다음과 같지요.

정수 $\begin{cases} \text{양의 정수(= 자연수) : } +1, +2, +3, \cdots \\ 0 \\ \text{음의 정수} \qquad\qquad : -1, -2, -3, \cdots \end{cases}$

정수를 수직선에 나타내면 다음과 같습니다.

　수직선에서 왼쪽으로 가면 수가 작아지고 오른쪽으로 가면 수가 커집니다. 그러니까 음의 정수는 0보다 작고 양의 정수는 0보다 큽니다. 그러므로 양의 정수는 '+' 부호를 뺀 수가 클수록 커지고 음의 정수는 '–' 부호를 뺀 수가 클수록 작아집니다.

그렇다면 정수는 언제 쓰일까요?

용돈 기입장을 쓸 때를 생각해 봅시다. 아빠가 용돈 10,000원을 주셨는데 그날 3,000원짜리 책을 샀다고 하지요. 그럼 용돈 10,000원은 이익이니까 +10,000이라고 쓰고 3,000원은 지출이니까 −3,000이라고 써야 합니다. 그러니까 소득은 양수로, 지출은 음수로 나타내면 되지요.

또 다른 예로 온도계를 생각해 봅시다. 영상 25도를 +25℃로 나타내면 영하 5도는 −5℃로 나타내야 합니다.

+2와 −2는 0으로부터 거리가 같습니다. 이때 어떤 정수와 원점과의 거리를 그 정수의 절댓값이라고 합니다. 거리는 음수가 될 수 없습니다.

예를 들어 −2의 절댓값은 |−2|라고 쓰며 0과 −2 사이의 거리는 2이므로 |−2|=2입니다. 그러니까 절댓값은 부호를 뺀 수가 되는군요.

예를 들어 절댓값이 2인 수는 다음과 같이 +2와 −2, 2개입니다.

0으로부터의 거리 2 = 절댓값 2

−4 −3 −2 −1 0 1 2 3 4

그렇다면 정수의 덧셈은 어떻게 정의할까요? 우선 두 정수의 부호가 같은 경우를 봅시다. 이 경우는 부호를 뗀 두 수를 더한 후에 공통인 부호를 붙이면 됩니다. 예를 들어 다음의 경우를 살펴봅시다.

$$(+2) + (+3)$$

부호를 뗀 두 수의 합은 5이고 공통인 부호는 +이므로 덧셈의 결과는 다음과 같습니다.

$$(+2) + (+3) = +5$$

두 수가 모두 음수인 경우를 봅시다.

$$(-1) + (-4)$$

부호를 뗀 두 수의 합은 1+4=5이고 공통인 부호는 −이므로 다음과 같지요.

$$(-1) + (-4) = -5$$

그렇다면 두 정수의 부호가 다를 때는 어떻게 될까요? 이때는 부호를 뗀 두 수의 차에 부호를 떼었을 때 큰 수의 부호를 붙입니다. 예를 들어 다음을 봅시다.

$$(+3) + (-1)$$

부호를 뗀 두 수는 3, 1이고 그 차는 2입니다. 부호를 떼었을 때 큰 수는 +3이고 그 부호는 +이므로 덧셈의 결과는 다음과 같습니다.

$$(+3) + (-1) = +2$$

예를 하나 더 들어 보겠습니다.

$$(-7) + (+5)$$

부호를 뗀 두 수는 7, 5이고 그 차는 2입니다. 부호를 떼었을 때 큰 수는 -7이고 그 부호는 -이므로 다음과 같지요.

$$(-7) + (+5) = -2$$

두 수의 차가 0일 때는 어떻게 될까요? 예를 들어 다음을 봅시다.

$$(+5) + (-5)$$

부호를 뗀 두 수는 5, 5이므로 그 차는 0이 됩니다. 이때 0은 부호가 없는 수이므로 부호는 생각할 필요가 없습니다. 즉, 다음과 같지요.

$$(+5) + (-5) = 0$$

정수의 뺄셈

정수의 뺄셈은 어떻게 될까요? 예를 들어 4-2를 봅시다. 물론 이것을 계산하면 다음과 같지요.

$$4 - 2 = 2$$

여기서 4는 +4와 같고 2는 +2와 같으므로 이 식은 다음과 같지요.

$$(+4) - (+2) = 2$$

이 식과 $(+4) + (-2)$를 비교합시다. 이것은 정수의 덧셈의 정의에 따라 다음과 같이 됩니다.

$$(+4) + (-2) = +2$$

그러므로 어떤 정수를 뺀다는 것은 그 정수의 부호를 바꾼 후 더하는 것과 같습니다.

예를 들어 $(-1) - (-3)$의 경우를 봅시다. -3의 부호를 바꾼 수는 $+3$이므로 다음과 같이 계산됩니다.

$$(-1) - (-3) = (-1) + (+3) = +2$$

새로운 수의 덧셈, 뺄셈을 하는 것이 쉽지는 않죠? 하지만 많은 연습은 여러분을 배신하지 않을 거예요.

— 네, 선생님.

정수의 곱셈과 나눗셈

나눗셈은 역수를 곱하는 것과 같습니다.

$$4 \div 2 = 4 \times \frac{1}{2} = 2$$

그러므로 정수의 나눗셈은 정수의 곱셈이 어떻게 정의되는지 알면 됩니다.

정수의 곱셈은 다음과 같이 부호가 어떻게 결정되는지만 알면 쉽게 할 수 있지요. 정수의 곱셈에서 부호의 결정은 다음과 같습니다.

$(+) \times (+) = (+)$

$(+) \times (-) = (-)$

$(-) \times (-) = (+)$

$(-) \times (+) = (-)$

따라서 부호가 결정되면 수의 곱셈은 자연수의 곱셈 규칙을 따르면 됩니다. 예를 들면 다음과 같지요.

$$(+3) \times (+2) = + (3 \times 2) = +6$$
$$(-3) \times (-2) = + (3 \times 2) = +6$$
$$(+3) \times (-2) = - (3 \times 2) = -6$$
$$(-3) \times (+2) = - (3 \times 2) = -6$$

여기서 가장 중요한 것은 음의 정수와 음의 정수의 곱이 양의 정수가 된다는 사실입니다.

이제 정수의 곱셈의 의미를 알아봅시다.

철수가 수학 시험을 치는데 점수가 매일 2점씩 올라간다고 하면 3일 후 철수의 점수는

$$(+3) \times (+2) = + (3 \times 2) = +6$$

만큼 변하게 되지요. 즉, 2점이 올라가는 것을 +2로, 3일 후를 +3이라고 하여 두 정수를 곱하면 되지요. 그렇다면 철수의 3일 전의 점수는 어떻게 될까요? 2점 올라가는 것을 +2로, 3일 전을 −3이라고 하여 두 정수를 곱하면 됩니다.

$$(-3) \times (+2) = - (3 \times 2) = -6$$

그러니까 이 식은 3일 전의 점수가 처음 점수보다 6점 낮다는 것을 의미하지요.

이번에는 다른 경우를 생각해 봅시다. 영희의 점수가 매일 2점씩 떨어지고 있다고 가정해 보지요. 이때 영희의 3일 후의 점수를 봅시다. 2점씩 떨어지는 것을 −2로 나타내고, 3일 후를 +3이라고 하면

$$(+3) \times (-2) = -(3 \times 2) = -6$$

이 되어 3일 후 점수는 6점이 떨어진 점수가 되지요.

그렇다면 음수와 음수의 곱은 어떤 의미를 가질까요? 영희의 3일 전 점수를 생각해 봅시다. 영희의 점수가 매일 2점씩 떨어지는 것을 −2로, 3일 전을 −3으로 나타내어 두 정수를 곱하면 다음과 같지요.

$$(-3) \times (-2) = +(3 \times 2) = +6$$

즉, 영희는 3일 전에 지금보다 6점이 더 높았다는 것을 의미합니다.

수학자의 비밀노트

정수의 나눗셈

정수의 나눗셈은 나눗셈을 곱셈으로 고쳐(역수를 취함) 자연수의 곱셈처럼 계산하면 된다. 이때 부호를 결정하는 방법은 정수의 곱셈과 같다. 다음의 예를 통해 확인해 보자.

예) $(+3) \div (-2) = (+3) \times \left(-\dfrac{1}{2}\right) = -\left(3 \times \dfrac{1}{2}\right) = -\dfrac{3}{2}$

$\left(-\dfrac{3}{4}\right) \div \left(-\dfrac{7}{6}\right) = \left(-\dfrac{3}{4}\right) \times \left(-\dfrac{6}{7}\right) = +\left(\dfrac{3}{4} \times \dfrac{6}{7}\right) = +\dfrac{9}{14}$

천재 수학자 납치 사건

이 글은 저자가 창작한 수학 동화입니다.

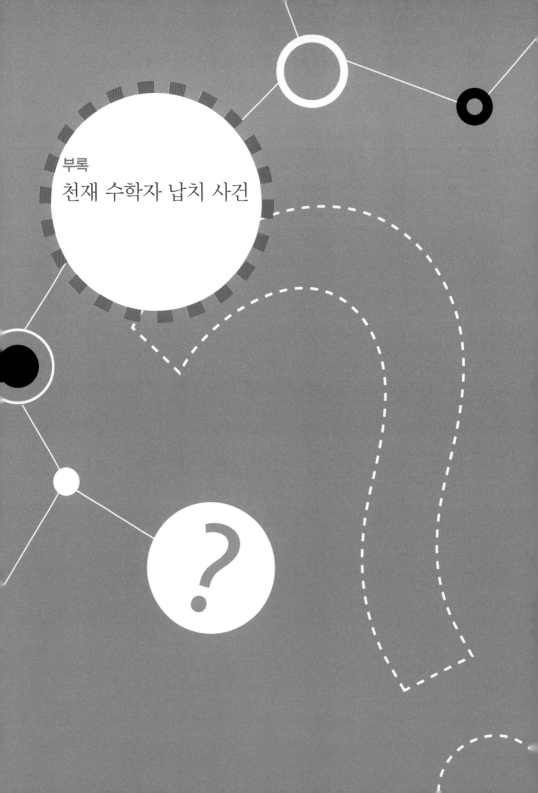

부록
천재 수학자 납치 사건

"따르르르릉."

전화벨 소리가 울렸습니다.

"여기는 페리 탐정 사무실입니다. 무슨 일입니까?"

페리 탐정의 조수인 어리바리가 물었습니다.

"저는 ○○대학 수학과 윌슨 교수의 여비서 로린입니다. 교수님이 이틀째 아무 연락 없이 출근을 안 하세요. 교수님께 무슨 일이 일어난 것 같아요."

로린 양의 목소리가 떨렸습니다.

"탐정님, 윌슨 교수 신변에 무슨 일이 일어난 것 같습니다."

어리바리 군이 페리 탐정에게 말했습니다. 담배 파이프를 입

에 물고 흔들의자에 앉아 창가를 바라보던 페리 탐정이 입을
열었습니다.

"집에서 낮잠이라도 자나 보지. 이틀 사라진 걸 갖고 웬 호들
갑이지?"

"전화기도 꺼져 있어요."

수화기를 통해 페리 탐정의 말을 들은 로린 양이 이렇게 말
했습니다.

"에구, 귀찮아. 수학자가 연구를 하다 보면 혼자 있고 싶을
때도 있는 거지. 전화기도 꺼 놓을 수 있고 말이야. 내 생각으
론 윌슨 교수가 중요한 논문을 준비하는 것 같은데."

페리 탐정은 대수롭지 않은 듯이 말했습니다.

"하지만 정식으로 의뢰가 들어왔으니 조사를 해 봐지요."

어리바리 군이 강하게 말했습니다.

"좋아. 그럼 로린 양에게 윌슨 교수의 집에서 만나자고 해."

페리 탐정이 말했습니다. 어리바리 군은 로린 양으로부터 윌슨 교수의 주소를 건네받았습니다.

윌슨 교수는 최근에 300년 된 수학의 난제 중 하나인 페르마의 마지막 정리를 증명한 걸로 유명세를 타고 있었습니다. 하지만 그가 증명 과정에 대한 발표를 미루다 보니 실제로 윌슨이 정리 증명에 성공했는지는 아무도 알 수 없었습니다. 드디어 오늘 오후 1시에 자신의 위대한 업적을 기자들 앞에서 발표하기로 되어 있었습니다.

"어리바리 군, 지금 몇 시지?"

페리 탐정이 물었습니다.

"12시 57분이에요."

어리바리 군이 시계를 보고 말했습니다.

"그럼 3분 남았군! 조금 기다려 보자고. 3분 후에 윌슨 교수가 기자 회견장에 나타나 사람들을 깜짝 놀라게 할지도 모르잖아. 그는 위트가 있는 사람이니까."

페리 탐정은 윌슨 교수를 훤히 알고 있는 표정으로 말했습니다. 사실 윌슨 교수와 페리 탐정은 어릴 때부터 절친한 친구로 지내왔습니다. 그래서 윌슨 교수의 성격에 대해 속속들이 알고 있는 페리 탐정은 그리 걱정을 하지 않고 있는 것입니다.

한편 TV에는 '페르마의 마지막 정리를 증명한 윌슨 교수의 위대한 업적'이라는 현수막이 걸려 있고, 수많은 기자들이 몰려와 있는 기자 회견장의 모습이 생중계되고 있었습니다.

페르마의 마지막 정리는 다음과 같은 내용이었습니다.

[페르마의 마지막 정리] n이 2보다 큰 정수일 때 $x^n + y^n = z^n$을 만족하는 자연수 x, y, z는 존재하지 않는다.

페르마는 300년 전에 이 정리를 발표하면서 책의 여백이 너무 좁아 증명은 생략한다고 했습니다. 물론 페르마가 이 정리의 증명을 몰랐는데 거짓말을 한 것인지는 아무도 모릅니다.

하지만 많은 수학자들이 이 정리를 증명하려고 수백 년 동안 도전했지만 모두 실패했고, 드디어 윌슨 교수가 이 문제를 해결했다고 하니 사람들의 관심이 윌슨 교수에게 집중되는 것은 당연한 일이었습니다.

"잠시 후 시청자 여러분들은 윌슨 교수가 수학사에 큰 획을 긋는 위대한 장면을 목격하게 될 것입니다."

TV 진행자가 말했습니다.

시간이 흘렀습니다. 진행자의 얼굴에 초조한 기색이 돌았습니다. 이미 5분을 넘긴 상태이기 때문이었습니다. 생방송이므로 방송사는 페르마에 대한 소개 영상을 먼저 내보냈습니다. 하지만 20분이 지나도 윌슨 교수의 모습은 보이지 않았습니다. 길거리를 걷다가 기자 회견을 보기 위해 거리의 TV에 몰려들었던 시민들이 하나, 둘 자리를 떠났습니다. 결국 30분이 지나자 TV 진행자는 사과 자막을 내보내고 방송을 중단했습니다.

페리 탐정과 어리바리 군도 집에서 TV를 보았습니다.

"무슨 일이 일어난 것이 틀림없습니다."

어리바리 군이 상기된 표정으로 말했습니다.

"그런 것 같군."

페리 탐정과 어리바리 군은 서둘러 사무실을 나와 윌슨 교수의 집으로 향했습니다. 윌슨 교수의 집 앞에는 로린 양이 기다리고 있었습니다.

"로린 양! 왜 집으로 안 들어가고 밖에서 서성이는 거죠?"

어리바리 군이 물었습니다.

"문의 비밀번호를 몰라요."

로린 양이 대답했습니다.

숫자 자물쇠에는 1부터 9까지의 숫자가 쓰여 있는 9개의 버튼이 있었습니다. 페리 탐정은 숫자 자물쇠를 뚫어지게 쳐다보았습니다. 그러다가 무언가 생각이 난 듯 로린 양을 바라보며 말했습니다.

"3, 4, 5를 눌러 보시오."

로린 양은 믿어지지 않는 표정으로 3, 4, 5를 차례로 눌렀습니다. 그러자 굳게 닫혀 있던 문이 스르르 열렸습니다.

"어떻게 번호를 알았죠?"

로린 양이 신기하다는 듯 페리 탐정을 바라보며 물었습니다.

"간단해요. 윌슨 교수는 평생 페르마의 마지막 정리를 연구했어요. 그래서 $x^3 + y^3 = z^3$을 만족하는 자연수 x, y, z가 존재하는지를 알고 싶어했지요."

페리 탐정이 차분하게 설명했습니다.

"하지만 그런 수는 없다는 걸 윌슨 교수님이 증명했잖아요?"

로린 양이 페리 탐정의 말을 잘랐습니다. 그러자 페리 탐정이 설명을 계속했습니다.

"물론 그런 자연수들은 없습니다. 하지만 페르마의 마지막 정리는 피타고라스의 정리의 확장이지요. 피타고라스의 정리는 $x^2 + y^2 = z^2$인데 이 관계를 만족하는 자연수 x, y, z를 피타고라스의 수라고 하지요. 물론 피타고라스의 수는 3, 4, 5 이외에도 5, 12, 13 등 많이 있어요. 하지만 1부터 9 사이의 피타고라스 수는 3, 4, 5뿐이지요. 수학자인 윌슨 교수가 그렇게 선택할 것이라는 생각이 들어 한번 눌러 보라고 한 겁니다."

"대단한 추측이군요."

로린 양과 어리바리 군은 페리 탐정을 존경의 눈빛으로 바라보았습니다.

3명은 서둘러 현관문을 열고 거실로 들어갔습니다.

"윌슨 교수!"

페리 탐정이 이 방 저 방을 돌아다니며 윌슨 교수를 찾았습니다. 로린 양과 어리바리 군도 다른 곳을 뒤졌습니다. 하지만 윌슨 교수는 어느 곳에도 없었습니다.

"도대체 윌슨 교수는 어디로 사라진 거지?"

페리 탐정은 거실 소파에 힘없이 주저앉으며 중얼거렸습니다. 어리바리 군과 로린 양도 맞은편 소파에 앉았습니다. 윌슨 교수를 찾는 데 지쳤기 때문입니다.

소파 앞 탁자에는 리모컨이 놓여 있었습니다.

"TV나 켜야겠군."

페리 탐정은 아무 생각 없이 리모컨을 눌렀습니다.

"윌슨 교수, 내 생일에 당신을 납치하겠소."

컴퓨터와 연결된 전화에서 나오는 기계음이었습니다. 하지만 변조가 너무 심해 목소리의 주인이 여자인지 남자인지조차도 알 수 없었습니다.

"교수가 납치되었습니다."

어리바리 군이 깜짝 놀란 표정으로 말했습니다. 그때 맞은편에 앉아 있던 로린 양이 울기 시작했습니다.

"걱정 마세요, 로린 양. 우리가 교수님을 찾아 드릴게요."

어리바리 군이 로린 양을 달랬습니다.

페리 탐정이 갑자기 자리에서 벌떡 일어나 벽에 붙어 있는 달력을 향해 달려갔습니다.

"이 달력은 이상하군."

페리 탐정이 말했습니다.

"뭐가 이상하지요?"

어리바리 군이 물었습니다.

"자세히 보게. 이것은 1986년 1월 달력이야. 그리고 1월 1일 에는 동그라미가 되어 있고 생일이라고 씌어 있잖아. 윌슨 교수의 생일은 3월이니까 다른 사람 생일이겠군. 그런데 이상한 건 1986년 1월은 자필로 씌어 있고 각각의 날짜는 프린터로 출력된 글씨야."

페리 탐정이 무언가 이상한 점을 발견한 모양입니다.

"가만, 그리고 보니 오늘이 1월 1일이잖아. 그렇다면 오늘이 생일인 사람이 윌슨 교수를 납치했다는 얘긴데……."

페리 탐정은 잠시 생각에 잠겼습니다.

"하지만 날짜를 지정해서 납치한다고 선언하고 정말 그렇게 범인이 있을까요?"

어리바리 군이 뭔가 이상하다는 표정으로 말했습니다. 그러자 로린 양이 조금은 상기된 표정으로 말했습니다.

"요즘 범인들은 사건 현장을 지정하고 사건을 벌이는 게 유행이래요."

잠시 침묵이 흘렀습니다. 페리 탐정은 달력 앞을 왔다 갔다 하고 있었습니다. 페리 탐정이 로린 양에게 물었습니다.

"윌슨 교수와 관계있는 사람들 중에서 오늘이 생일인 사람은 누구죠?"

로린 양이 수첩을 뒤적거리더니 말했습니다.

"2명 있네요. 플러버 씨와 하이마그 씨입니다."

"플러버 씨는 뭘 하는 분이죠?"

페리 탐정이 물었습니다.

"그분은 범인일 리가 없어요. 플러버 씨는 윌슨 교수님의 오랜 친구예요. 시내에서 조그만 가게를 운영하고 있지요."

로린 양이 약간 떨리는 목소리로 대답했습니다.

"그렇다면 하이마그 씨는 누구죠?"

페리 탐정이 물었습니다.

"같은 대학에 근무하는 수학과 교수예요."

로린 양이 대답했습니다.

"두 사람은 어떤 관계죠?"

"라이벌이에요. 윌슨 교수님과 하이마그 교수는 같은 대학에서 공부하고 같은 해 프린스 대학의 수학과 교수가 되었지요. 처음에는 하이마그 교수가 윌슨 교수보다 연구에 큰 성과를 거두었지요. 하지만 최근에는 상황이 역전되었어요."

"무엇이 역전되었다는 거죠?"

"두 교수님은 수년 동안 밤낮을 바꿔 가며 독립적으로 페르마의 마지막 정리를 증명하는 연구에 몰두했어요. 이것을 증명하는 사람은 수학의 노벨상이라 일컫는 필즈 메달을 받게 되지요."

"필즈 메달 때문에 하이마그 교수가 윌슨 교수를 납치했을 가능성이 있겠군."

"또한 페르마의 마지막 정리에는 어마어마한 현상금이 붙어 있어요."

로린 양이 말했습니다.

"그게 사실입니까?"

어리바리 군이 놀란 표정으로 물었습니다.

"어느 수학자가 페르마의 마지막 정리를 처음으로 증명하는

사람에게 10만 달러를 주겠다고 유언을 했습니다."

"10만 달러!"

페리 탐정이 놀라 소리쳤습니다.

"우아! 살인 사건도 벌어질 만한 큰 금액이군."

어리바리 군도 놀란 표정으로 말했습니다.

범인은 납치 동기가 가장 많은 하이마그 교수 쪽으로 굳어지는 듯했습니다. 그때 거실을 돌아다니던 로린 양이 무언가를 발견한 듯 소리쳤습니다.

"이걸 보세요!"

페리 탐정과 어리바리 군이 로린 양을 향해 달려갔습니다.

"무슨 일이죠?"

어리바리 군이 물었습니다.

그러자 로린 양은 종이 하나를 주워 페리 탐정과 어리바리 군에게 보여 주었습니다. 종이에는 '8191317'이라는 숫자가 써 있었습니다.

"이 숫자가 뭘까요?"

어리바리 군은 전혀 이해가 되지 않는다는 표정으로 이렇게 말했습니다.

"글쎄……. 무슨 전화번호인 것도 같고."

페리 탐정은 고민에 빠졌습니다. 로린 양이 말했습니다.

"교수님은 암호를 사용하세요."

"어떤 암호죠?"

어리바리 군이 물었습니다.

"알파벳을 숫자에 대응시키지요."

로린 양이 윌슨 교수의 암호에 대해 설명했습니다.

"8191317을 8-1-9-13-1-7이라고 생각하면 8은 H, 1은 A, 9는 I, 13은 M, 1은 A, 7은 G이니까 8-1-9-13-1-7을 알파벳에 대응시키면 HAIMAG가 되는군요."

로린 양이 암호를 풀었습니다.

"HAIMAG! 그렇다면 하이마그 교수가 범인이군."

어리바리 군이 결론을 내렸습니다. 하지만 페리 탐정은 뭔가 찜찜해하는 표정이었습니다.

"8191317을 8-1-9-13-1-7로 말고 8-19-1-3-17로 하면 HSACQ가 되잖아. 또 8-1-9-1-3-1-7이라고 생각하면 HAIACAG가 되기도 하고. 이렇게 따지면 이 암호가 하이마그 교수를 나타낸다고 말할 수는 없는 것 아닐까?"

페리 탐정이 중얼거렸습니다. 이 암호는 숫자를 어떻게 나누느냐에 따라 여러 이름이 나올 수 있기 때문이었습니다. 하지만 페리 탐정은 이 종이가 윌슨 교수를 납치한 사람을 나타내는 단서라는 생각이 강하게 들었습니다. 즉, 현재로서 가장 유력한 용의자는 하이마그 교수였습니다. 하지만 아직 다른 용의자인 플러버도 수사 선상에 놓았습니다.

페리 탐정은 용의자 하이마그 교수와 플러버에게 전화를 걸어 윌슨 교수의 집으로 오게 했습니다.

"하지만 아직도 하이마그 교수가 범인이 아닐지도 모른다는 생각이 자꾸 드는군."

페리 탐정은 여전히 찜찜해하는 표정이었습니다.

갑자기 거실로 돌풍이 불어왔습니다. 양쪽 유리창을 활짝 열어 놓았기 때문이었습니다. 돌풍이 너무 강해 거실에 있던 종이들이 날아다녔습니다. 그러다가 조그만 영수증 1장이 페리 탐정의 얼굴에 달라붙었습니다. 페리 탐정은 얼굴에 붙은 영수증을 떼어 냈습니다.

"이게 뭐지?"

영수증을 들여다본 페리 탐정은 깜짝 놀라 소리쳤습니다.

"가만, 이건 1월 1일, 그러니까 오늘 시내 시장에 있는 오일리어 잡화점에서 계산한 영수증이야."

그때 플러버와 하이마그 교수가 들어왔습니다. 페리 탐정은 두 사람을 윌슨 교수의 납치 용의자로 수사해야 하니 협조해 달라고 말했습니다. 페리 탐정은 먼저 하이마그 교수에게 물었습니다.

"오늘 오일리어 잡화점에 간 적이 있습니까?"

"오늘은 수업이 많아 학교 밖으로 나간 적이 없습니다."

하이마그 교수는 자신이 가장 유력한 용의자라는 사실을 모

르는 듯 태연하게 대답했습니다. 페리 탐정은 플러버 씨에게도
같은 질문을 던졌습니다.

"오늘 오일리어 잡화점에 간 적이 있습니까?"

"네, 오전에 갔다 왔습니다."

플러버 씨가 대답했습니다.

"혹시 영수증을 가지고 계십니까?"

"잃어버렸습니다."

플러버 씨는 침착하게 대답했습니다.

"이것이 본인의 영수증인가요?"

페리 탐정은 영수증을 보여 주며 플러버 씨에게 물었습니다.

플러버 씨는 영수증에 적힌 액수를 들여다보았습니다.

"대충 이 정도 금액인 것 같군요. 하지만 오일리어 잡화점은 1달러부터 수십 달러에 이르는 물건까지 다양한 가격의 물건을 팔고 있습니다. 너무 많은 물품을 사다 보니 정확하게 제가 얼마를 지불했는지는 잘 기억이 나지 않습니다. 3,000달러가 조금 안 되는 액수라는 것은 확실하지만……."

플러버 씨는 기억이 잘 안 난다는 듯이 머리를 긁적이며 자신 없는 표정으로 대답했습니다.

"3,000달러가 조금 안 된다고 했소?"

페리 탐정이 약간 놀란 표정으로 물었습니다.

"네. 3,000달러를 내고 얼마를 거슬러 받은 것까지는 기억이 나요. 하지만 2,921달러인지는 확실치 않습니다."

플러버 씨가 대답했습니다. 페리 탐정은 두 용의자를 옆방으로 보냈습니다. 그리고 어리바리 군과 로린 양과 함께 거실 소파에 앉았습니다.

"영수증으로 보면 플러버 씨가 유력하고, 암호를 풀면 하이마그 교수가 유력해. 그렇다면 누가 범인이지?"

페리 탐정이 말했습니다.

"하이마그 교수가 범인일 겁니다. 플러버 씨에 비해 납치 동기가 충분하지 않습니까?"

어리바리 군이 자신 있게 말했습니다.

"잠깐 어디 좀 갔다 오겠네. 그사이에 포그 경감을 불러 주게."

페리 탐정은 이렇게 말하고 황급히 밖으로 나갔습니다. 2시간 후 페리 탐정이 다시 돌아왔습니다.

"페리 탐정! 범인은 알아냈나?"

흰 수염에 검은 모자를 쓴 중년의 신사가 페리 탐정에게 말했습니다. 시 경찰청의 포그 경감이었습니다.

"모두 거실로 모이게 해 주십시오."

페리 탐정은 심각한 얼굴로 말했습니다. 포그 경감, 로린 양, 어리바리 군, 하이마그 교수, 플러버 씨와 페리 탐정 모두 거실에 모였습니다.

"여러분도 아시다시피 천재 수학자 윌슨 교수가 오늘 납치되었습니다. 그리고 지금 그 사건과 관계된 사람들이 여기 모두 모여 있습니다. 또한 저는 범인이 이 중에 있다는 것을 확신합니다."

페리 탐정이 말했습니다.

"범인은 하이마그 교수군요."

어리바리 군이 하이마그 교수를 흘깃 보며 말했습니다. 하이마그 교수는 당황한 듯 얼굴이 일그러졌습니다.

"어리바리 군, 말을 끊지 말게."

페리 탐정의 말이 계속되었습니다.

"저는 처음 윌슨 교수의 납치범으로 하이마그 교수를 의심했습니다. 하지만 하이마그 교수는 윌슨 교수가 납치된 후 알리바이가 너무 완벽합니다. 그러므로 범인이 될 수 없다는 얘기죠."

"고맙습니다."

하이마그 교수가 안도하는 표정을 지으며 말했습니다.

"그렇다면 플러버 씨가 범인인가요?"

어리바리 군이 다시 끼어들었습니다. 플러버 씨의 표정이 어두워졌습니다.

"어리바리 군. 자네가 끼어들 데가 아니네."

페리 탐정이 어리바리 군을 쏘아보며 말했습니다. 순간 어리바리군의 얼굴이 파래졌습니다. 그리고 페리 탐정의 말이 계속되었습니다.

"플러버 씨는 범행 동기가 너무 빈약합니다."

페리 탐정은 강한 어조로 말했습니다. 플러버 씨는 환한 미소를 지었습니다.

"그럼 달력과 영수증 그리고 월슨 박사의 암호는 뭐죠?"

로린 양이 불만족스러운 표정으로 물었습니다.

"좋은 지적이오, 로린 양. 우리는 달력, 영수증과 암호 때문에 범인을 찾는 데 혼동을 일으켰소."

페리 탐정이 말했습니다.

"달력이나 영수증이 증거가 되지 못한다는 건가?"

포그 경감이 물었습니다.

"달력은 컴퓨터를 이용해 출력한 것입니다. 윌슨 교수는 수학자이기 때문에 달력을 만드는 방법을 잘 알고 있지요. 이 달력에 1월이라고 쓴 글씨는 자필입니다. 그러니까 지금 이 달력은 금년 1월이 아닐 수 있습니다."

페리 탐정이 설명했습니다.

"그게 무슨 말인가?"

포그 경감이 깜짝 놀라 물었습니다.

"1월은 큰 달입니다. 그리고 지금 이 달력은 1일이 수요일입니다. 그러므로 1일이 수요일이면서 큰 달을 찾으면 되지요. 금년 1월 1일은 작년 1월 1일에서부터 365일 경과한 날입니다. 7일이 경과하면(7을 더하면) 요일이 같아집니다. 그럼 8일이 경과하면 8은 7+1이니까 그 다음 요일이 됩니다. 이렇게 요일 문제는 7로 나눈 나머지만 따지면 되지요. 365 = 7 × 52 + 1이므로 7로 나눈 나머지가 1입니다. 그러므로 금년 1월 1일은 작년 1월 1일의 다음 요일이 되는 거죠. 다시 말하면 작년 1월 1일이 화요일이었다면 금년 1월 1일은 수요일이 됩니다. 이제 작년 달력에서 1일이 수요일인 큰 달을 찾아봅시다. 먼저 작년 달력에서 수요일이 되는 날들을 나열해 볼까요?

1월 2일, 1월 9일 , 1월 16일, …

어떤 규칙이 있는지 보세요.

1월 2일 = 1월 1일 + 1일
1월 9일 = 1월 1일 + 8일
1월 16일 = 1월 1일 + 15일

그러니까 1월 1일로부터 경과한 날의 수가 7로 나누어 나머지가 1인 수가 되면 되는군요. 그럼 1월은 안 되니까 3월부터 큰 달을 조사해 보죠.

3월 1일 = 1월 1일 + 30 + 28 + 1 = 1월 1일 + 59

59 = 7 × 8 + 3이므로 작년 3월 1일은 금요일입니다. 다음으로 5월 1일을 보죠.

$$5월 1일 = 1월 1일 + 30 + 28 + 31 + 30 + 1 = 1월 1일 + 120$$

$120 = 7 \times 17 + 1$이므로 작년 5월 1일은 수요일입니다. 그러므로 작년 5월 달력과 금년 1월 달력은 같습니다. 따라서 이 달력은 조작된 것일 수도 있습니다."

"누가 달력을 조작한 거지?"

포그 경감이 물었습니다.

"오늘이 생일인 사람을 용의자로 몰아 자신이 범인인 것을 감추려는 사람이겠지요. 물론 그 사람이 범인일 가능성이 제일 높습니다."

페리 탐정은 날카로운 눈빛으로 주위를 돌아보았습니다. 모두들 긴장한 표정으로 서 있었습니다.

잠시 후 페리 탐정의 얘기가 계속되었습니다.

"다음으로 영수증 문제를 보죠. 영수증의 금액은 2,921달러입니다. 2921이라는 수를 유심히 보십시오."

"2921은 소수입니다."

로린 양이 말했습니다.

"그럴까요?"

페리 탐정은 뭔가 의미심장한 미소를 지으며 거울에 다음과 같이 썼습니다.

"소수가 아니었군요."

어리바리 군이 놀란 표정으로 말했습니다.

"2921은 바로 23의 배수입니다. 그러므로 1개에 127달러짜리 물건을 23개 샀을 때 물건값의 총액입니다. 그런데 여러분 중에 오늘 23개의 물건을 산 사람이 있습니다."

페리 탐정이 말했습니다.

"플러버 씨군요."

로린 양이 침착하게 말했습니다.

"전 아니에요. 23개의 똑같은 물건을 산 적이 없어요."

플러버 씨가 손을 저으며 부인했습니다.

"플러버 씨는 아닙니다. 오늘 23개의 동일한 물건을 산 사람은 바로 로린 양입니다."

페리 탐정의 말에 모두들 로린 양을 쳐다보았습니다.

로린 양의 얼굴이 파랗게 변했습니다.

"무슨 근거로 그렇게 말씀하시는 거죠?"

로린 양이 약간 떨리는 목소리로 말했습니다.

"저는 조금 전에 로린 양의 집을 수색했습니다. 그리고 고급 립스틱 23개를 발견했습니다. 전문가에게 물어본 결과 1개의 가격은 약 120달러에서 130달러 사이라는 사실도 알아냈습니다."

페리 탐정은 이렇게 말하면서 로린 양의 집에서 가지고 온
똑같은 립스틱 23개를 사람들 앞에 쏟아 놓았습니다.

"이건 우연이에요. 2921이라는 숫자는 서로 다른 숫자를 더
해서도 만들 수 있잖아요. 그렇다면 플러버 씨도 2921달러어
치 물건을 샀을 수도 있잖아요? 그리고 저는 윌슨 교수님을 존
경해 온 비서입니다. 제가 그분을 납치할 이유가 없지 않습니
까?"

로린 양이 변명을 했습니다.

"그래. 로린 양은 범행 동기가 부족한 것 같군!"

포그 경감이 말했습니다.

"로린 양! 당신은 윌슨 교수의 제자죠?"

페리 탐정이 물었습니다.

"네, 교수님에게 석사 학위를 받았습니다."

로린 양이 대답했습니다.

"그때 논문 제목이 뭐죠?"

"페르마의 정리에 대한 연구였습니다."

"지금 다른 대학에서 박사 과정을 밟고 있지요?"

"그……건…….."

로린 양은 얼굴이 창백해지더니 말을 얼버무리기 시작했습니다.

"여러분, 로린 양은 프린스 대학에서 윌슨 교수의 비서로 일하면서 인근 대학인 하버도 대학 수학과에서 박사 과정을 밟고 있습니다. 그리고 지금은 박사 학위 논문을 준비 중이지요. 이 정도면 로린 양에게는 동기가 있지 않습니까? 윌슨 교수가 페르마의 마지막 정리를 증명한 일을 본인이 한 것처럼 조작할 명분 말입니다. 그러니까 로린 양은 윌슨 교수를 납치한 후 윌슨 교수의 논문을 훔쳐 자신의 박사 학위 논문으로 발표하면 필즈 메달과 엄청난 상금도 받고 하버도 대학의 수학과 교수도 될 수 있을 거라고 생각한 거죠."

페리 탐정이 로린 양을 노려보며 말했습니다.

잠시 침묵이 흘렀습니다.

"하지만 암호 문제는 어떻게 된 거지?"

포그 경감이 물었습니다.

"8191317을 8-1-9-13-1-7로 생각하면 HAIMAG가 됩니다. 하지만 윌슨 교수는 소수를 연구하는 천재 수학자입니다. 소수에는 메르센 소수라는 것이 있습니다. 즉, 소수 p에 대해 $2^p - 1$이 소수일 때 이 소수를 메르센 소수라고 합니다. 그렇다면 p에 차례로 소수를 넣어 봅시다."

페리 탐정이 다시 거울에 다음과 같이 썼습니다.

"자, 그럼 이것을 이용하여 암호를 풀어 보지요. 8191317을

8191−31−7로 생각하면 8191은 $p=13$인 메르센 소수이고, 31은 $p=5$이고 7은 $p=3$입니다. 암호판에서 13은 M, 5는 E, 3은 C를 나타냅니다. 그러므로 이것을 연결하면 MEC가 되지요."

페리 탐정이 말했습니다.

"하지만 그것은 로린(LORIN)이 아니잖아."

포그 경감이 말했습니다.

"로린 양! 이름이 뭐죠?"

페리 탐정이 물었습니다.

"멕입니다."

로린 양은 모든 걸 인정한 듯 고개를 숙이고 조그만 목소리로 대답했습니다.

"그렇습니다. 로린 양의 이름은 바로 멕(MEC)입니다. 그러니까 윌슨 교수는 로린 양의 이름을 암호로 나타낸 것입니다."

페리 탐정이 말했습니다.

잠시 후 전화벨 소리가 울렸습니다. 로린 양의 집 지하실에서 윌슨 교수를 구출했다는 소식이었습니다. 이렇게 윌슨 교수의 위대한 업적을 가로채려 했던 로린 양의 음모는 페리 탐정의 현명한 추리로 밝혀지게 되었습니다.

며칠 후 윌슨 교수는 페르마의 마지막 정리의 증명을 발표하고 필즈 메달과 상금을 타게 되었습니다.

17세기 최고의 수학자
페르마 Pierre de Fermat, 1601~1665

프랑스에서 가죽 상인의 아들로 태어난 페르마는 집안이 부유했기 때문에 부잣집 자녀들만 다닐 수 있는 툴루즈 대학교에서 법학을 공부하여 변호사가 되었습니다.

페르마는 수학자가 아닌 사법관이었습니다. 그리고 수학에 대한 특별한 교육도 받지 않았습니다. 그는 그저 디오판토스의 《산수론》을 읽고 수학에 흥미를 느껴 취미로 수학을 연구하게 되었다고 합니다. 하지만 그가 남긴 수학적인 업적은 어느 전문 수학자 못지않게 많았기 때문에 17세기 최고의 수학자로 손꼽힙니다.

그의 업적 중 가장 유명한 것은 '페르마의 마지막 정리'입니다. 이 정리는 오랜 세월 동안 많은 수학자들이 증명하려고 시도했지만 이 문제를 풀었다고 주장한 사람들은 모두 증명에 오류가 있었습니다.

그러는 도중 볼프스켈(Paul Wolfskehl)의 유언에 따라 1908년 괴팅겐 왕립과학원에서 2007년 9월 13일까지 '페르마의 마지막 정리'를 최초로 증명하는 사람에게 10만 마르크의 상금을 걸었습니다. 1997년 6월 27일 프린스턴 대학의 교수인 앤드루 와일스는 페르마가 이 정리를 발견한 지 약 350년 만에 최초로 증명함으로써 '볼프스켈 상'의 주인이 되어 상금을 받았습니다.

페르마는 전문 수학자가 아니었기 때문에 자신이 연구한 것이 완벽하지 않으면 발표하기를 꺼려했습니다. 실제 그의 일기장에는 완성되지 않은 수많은 연구 내용이 적혀 있었다고 합니다.

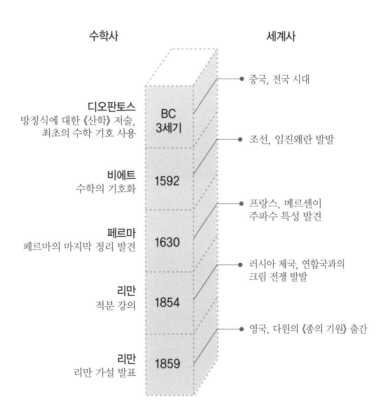

수 학 연 대 표

언제, 무슨 일이?

수학사

세계사

• 중국, 전국 시대

디오판토스
방정식에 대한 《산학》 저술,
최초의 수학 기호 사용

BC
3세기

• 조선, 임진왜란 발발

비에트
수학의 기호화

1592

• 프랑스, 메르센이
주파수 특성 발견

페르마
페르마의 마지막 정리 발견

1630

• 러시아 제국, 연합국과의
크림 전쟁 발발

리만
적분 강의

1854

• 영국, 다윈의 《종의 기원》 출간

리만
리만 가설 발표

1859

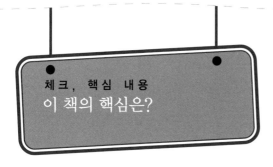

1. 일의 자리 수가 0, 2, 4, 6, 8인 수는 ☐ 의 배수입니다.
2. 일의 자리 수가 0 또는 5인 수는 ☐ 의 배수입니다.
3. 각 자리의 숫자의 합이 3의 배수이면 그 수는 ☐ 의 배수입니다.
4. 소수의 약수의 개수는 ☐ 개입니다.
5. 진약수들의 합이 원래의 수와 같아지는 수를 ☐☐☐ 라고 합니다.
6. 두 수의 공약수 중에서 가장 큰 수를 ☐☐☐☐☐ 라고 합니다.
7. 두 수의 공배수 중에서 가장 작은 수를 ☐☐☐☐☐ 라고 합니다.
8. 0과 1만으로 모든 수를 나타내는 방법을 ☐☐☐ 이라고 합니다.
9. 어떤 정수와 원점과의 거리를 그 정수의 ☐☐☐ 이라고 합니다.

1. 2 2. 5 3. 3 4. 2 5. 완전수 6. 최대공약수 7. 최소공배수 8. 이진법 9. 절댓값

　수학 문제에는 항상 답이 있고 풀 수 있는 방법이 있다고 생각합니까? 그러나 사람들이 풀지 못해 컴퓨터로 확인한 문제도 있고 몇백 년이 지나 해결된 문제도 있습니다. '페르마의 마지막 정리'가 바로 그런 경우입니다.

　17세기 프랑스에서 변호사를 하며 취미로 수학 공부를 했던 페르마는 미분, 적분의 기초가 되는 수학 이론을 비롯하여 여러 가지 정리를 만들었는데, 마지막 정리가 제일 유명합니다. 그는 피타고라스의 정리에 대한 내용을 읽다가 우연히 이 정리를 발견했습니다.

　피타고라스의 정리는 $x^2 + y^2 = z^2$으로 표시됩니다. 즉, 직각삼각형에서 빗변의 길이의 제곱은 다른 두 변의 길이의 제곱의 합과 같다는 내용이지요. 이때 피타고라스의 정리를 만족하는 세 자연수를 피타고라스의 수라고 부릅니다. 예를 들면 3, 4, 5가 대표적인 피타고라스의 수이지요. $3^2 + 4^2 = 5^2$을 만족하니까요. 이외에 5, 12, 13도 $5^2 + 12^2 = 13^2$을 만족하므로 피타고라스의 수입니다. 이런 식으로 피타고라스의 수는 무수히 많이 존재합니다.

페르마는 지수가 2보다 큰 경우에도 피타고라스의 수 같은 자연수들이 존재하는지 의문을 품었습니다. 즉 $x^3 + y^3 = z^3$이나 $x^4 + y^4 = z^4$을 만족하는 세 자연수가 있는지에 대해서 의문을 가진 거지요. 하지만 그런 자연수는 발견되지 않았습니다. 그래서 페르마는 n이 3 이상일 때 $x^n + y^n = z^n$을 만족하는 자연수 x, y, z는 존재하지 않는다는 정리를 발표했는데, 이것이 유명한 페르마의 마지막 정리입니다.

그가 죽은 후 이것을 증명하는 방법을 찾기 위해 350년 동안 수많은 수학자들이 도전을 했습니다. 시간이 흘러 1970년 무렵, 당시 10대 소년이었던 영국의 앤드루 와일스는 도서관에서 빌린 책으로부터 이 정리를 접하고 나서 이것을 증명하기 위해 일생을 건 도전을 하게 됩니다. 1993년, 아무에게도 알리지 않고 7년 동안 고독하게 연구한 끝에 앤드루 와일스는 페르마의 마지막 정리를 증명하는 데 성공하여 전 세계 수학계의 찬사를 받았습니다.

찾 아 보 기

어디에 어떤 내용이?